吴江　吴一平——著

基于
ggplot的
政经数据
可视化

华夏出版社

HUAXIA PUBLISHING HOUSE

图书在版编目（CIP）数据

基于 ggplot 的政经数据可视化 / 吴江，吴一平著. --北京: 华夏出版社有限公司，2020.7

ISBN 978-7-5080-9960-6

Ⅰ. ①基… Ⅱ. ①吴… ②吴… Ⅲ. ①可视化软件－数据分析 Ⅳ. ①TP317.3

中国版本图书馆 CIP 数据核字(2020)第 102554 号

基于 ggplot 的政经数据可视化

作　　者	吴　江　吴一平	
责任编辑	罗　庆　杜潇伟	
出版发行	华夏出版社有限公司	
经　　销	新华书店	
印　　刷	三河市万龙印装有限公司	
装　　订	三河市万龙印装有限公司	
版　　次	2020 年 7 月北京第 1 版	
	2020 年 7 月北京第 1 次印刷	
开　　本	720×1030　　1/16	
印　　张	15	
字　　数	210 千字	
定　　价	88.00 元	

华夏出版社有限公司　　地址：北京市东直门外香河园北里 4 号　　邮编：100028

网址: www.hxph.com.cn　　电话：（010）64663331（转）

若发现本版图书有印装质量问题，请与我社营销中心联系调换。

| 前言 |

相较于其他介绍 R 语言数据可视化的书籍，本书具有以下特点：

- 本书讲解的可视化案例主要来自政治学、经济学领域。当然，书中的数据处理和作图方法亦可用于对传播学、社会学等人文社会科学领域的数据进行可视化。
- 本书并未对 R 语言的多个作图系统作泛泛介绍，而是主要讲解 ggplot 系统下的数据可视化，方便读者进行更加深入、集中的学习。
- 本书对讲解顺序进行了合理安排，以便达到循序渐进、由简至繁的效果。
- 本书不仅会细致讲解基本的作图操作，而且还会介绍用于绘制复杂图表的操作技巧。

总的来看，数据可视化包含两方面工作：一是把数据映射到图表上，二是对图表外观进行处理以便优化视觉效果。就前者而言，R 语言目前是最为强大的工具之一。就后者而言，R 语言在各种统计软件中无疑亦是名列前茅。我们可以利用 R 语言的强大功能完成绘制论文图表、生成新闻图片、制作课件或海报等任务。

本书并未从头讲解 R 语言操作，所以适合已掌握最基本的 R 语言编程的读者学习。我们建议读者在开始学习前，先浏览一下附录 1 中的数据处理要点总结。

本书得到了首都师范大学"人工智能哲学"课题项目（项目号：003-1955071）的支持，在此表示感谢。

读者可通过以下方式获取本书使用的全部数据、图片、代码：

1. 查看网页：https://github.com/githubwwwjjj/visbook。

2. 用 install.package 函数下载 plothelper 包，输入代码 plothelper:::myvisbook() 以便查看网址。

吴江

2020-3-31

| 目录 |

第七章　多图 / 156

核心议题：对营商环境评估数据和选举数据进行分面可视化；可视化军费数据和商品购买数据并添加各种背景；用嵌套图表和并列图表可视化军费数据

第八章　专题 / 192

核心议题：为枪支销售数据绘制互动图表；获取、处理和可视化股票数据；可视化 MCMC 模型和随机森林模型

第一章　基本操作

　　在正式开始讲解数据可视化之前，我们首先介绍一些可能在可视化任务中遇到的关键操作。我们将这些操作归为三类，涉及日期／时间、颜色生成和图片处理。读者还可在本书附录中查到一些涉及数据清理和转换的更为基础的操作。

第一节　日期／时间对象

　　在可视化任务中，我们时常会遇到与日期／时间相关的信息。我们固然可以使用诸如 "2019-07-09" 或 "2019 年 7 月" 这样的字符，来表示日期／时间信息，并用正则表达式来进行处理，但实际上，R 为日期／时间对象提供了专门的对象类型和大量相关的函数。接下来，我们将依次介绍日期／时间表示法、时间序列对象、lubridate 包中的若干函数，以及与日期／时间有关的缺失值填补。读者既可以现在学习这些内容，也可以等到读到后边的折线图的绘制方法时再学习这些内容。

一、日期

1. 生成日期

```
x=Sys.Date() # 查看当前日期
# [1] "2019-07-09"
class(x) # 查看对象类型
# [1] "Date" # 可见这里的日期对象的类型为 Date（尽管看上去像一个
character 对象）


## 用 as.Date 将 character 对象转化为 Date 对象；用 as.character 将 Date
对象转回 character 对象
x=as.Date("1998-08-31")
```

```
y=as.character(x)
```
还可将 Date 对象转为数值，数值代表的是日期距离 1970 年 1 月 1 日的天数，1970 年 1 月 1 日以后的为正数，以前的为负数
```
x=as.Date(c("1970-01-03", "1969-12-30", "1998-08-31"))
as.numeric(x)
# [1]   2  -2  10469
```
注意：不能用 as.Date 转化不存在的日期
```
# 因此, as.Date("2019-2-29") 或 as.Date("2019-4-31") 都将报错
```

as.Date 可识别的默认格式
```
# 年份用四位数表示；月和日可以写满两位也可以只写一位；间隔符可以是 "-" 也
```
可以是 "/"；但必须保证向量中的元素只包含一种格式
```
as.Date(c("1998-08-31", "1998-8-31"))
as.Date(c("1998/8/31", "1998/08/31"))
as.Date(c("1998-08-31", "1998-8-31", "1998/8/31", "1998/08/31")) # 结
```
果中出现 NA，因为向量包含两种间隔符

用 format 参数帮助函数理解字符中的日期信息
```
as.Date("19980831", format="%Y%m%d") # 若不指定 format, 则会报错
```
这里的 "%Y" 等都是代表日期元素的表达式，其中，"%Y" 代表四位数年份，"%y" 代表两位数年份，"%m" 代表月份，"%d" 代表日
```
as.Date("1998abc08xyz31", format="%Yabc%mxyz%d") # 只要指定 format,
```
即使输入字符包含无效内容也仍可被识别
```
as.Date("8/31 1998", format="%m/%d %Y")
as.Date("19/07 09", format="%y/%m %d") # 这里的 "19" 只会被理解成 2019
```
年，不会被理解成 1919 年
```
as.Date("07-09", "%m-%d") # 当不包含年份时，返回当前年份
# as.Date("2018-12", "%Y-%m") # 注意：必须加上日子，否则结果为 NA
```

与日期相关并以 "%" 开头的表达式，在生成日期 / 时间对象或从日期 / 时间对象中提取信息时，常会被用到。它们的具体含义可通过 ?strptime 查到。以下，

我们对常用的表达式进行了总结，其中一些要到后文讲到时间对象时才会出现，到时候读者若遇到不明白的表达式可回到此处查看。

- %Y：四位数年份。

- %y：两位数年份。数字 00-68 将被识别为 20xx，如：2000、2050、2068；数字 69-99 将被识别为 19xx，如：1968、1990、1999。

- %m：月份，如：01、02、1、2、11、12。

- %B：月份全称，如：八月、August。

- %b：月份缩写，如：8 月、AUG。

- %d：日，如：01、02、1、2、30。

- %A：星期全称，如：星期一、Monday。

- %a：星期缩写，如：周一、MON。

- %u：以数字形式出现的星期，使用 1-7 的数字，如：周一表示为 1，周二表示为 2。

- %w：以数字形式出现的星期，如用 0-6 的数字，如：周日表示为 0，周一表示为 1。

- %H：24 小时制两位数小时，如：00、01、23，但形如 "24:00:00" 的表达方式也被接受。

- %I：12 小时制两位数小时，如：01、02、12。

- %p：在 12 小时制下指示上午或下午，如：上午、下午、AM、PM。有的区域设置或操作系统无法使用此表达式。

- %M：两位数分钟，即：00、01、59。

- %S：整数秒，取值为 00-61 的数字。

- %OS：可带小数的秒，"OS" 后边的数字用于指定小数位数，如：对于 13.348 秒，"OS1" 可提取到 13.3，"OS2" 可提取到 13.34，"OS" 后不加数字则只提取整数。

日期 / 时间对象的处理与区域设置有关。如果读者的操作系统的区域设置为简体中文的话，那么 as.Date(x="1998/ 八月 /31", format="%Y/%B/%d") 将会得到正确的结果，而 as.Date(x="1998/AUG/31", format="%Y/%B/%d") 则无效。相反，如果读者的操作系统使用英文的话，后者有效，前者无效。注意：我们将使用 "%B" 和 "%b" 代表月份的完整名称和缩写。

```r
## 那么，如何在不改变 Windows 系统区域设置的情况下在 R 内部作出更改
Sys.getlocale("LC_TIME")  # 查询当前时间设置方式。在简体中文操作系统中，
会得到 "Chinese (Simplified)_China.936" 或类似的结果
Sys.setlocale("LC_TIME", "English")  # 我们现在将时间设置方式改为英语，
以便使用英文名称
as.Date(c("1998/Aug/31", "1998/aug/31", "1998/AUG/31"), "%Y/%b/%d")
# 可忽略名称的大小写
as.Date(c("August3198", "august3198", "AUGUST3198"), " %B%d%y")  # 可
忽略名称的大小写
Sys.setlocale("LC_TIME", "Chinese (Simplified)_China.936")  # 改回到原
来的简体中文设置


## 当多种格式并存，并且我们能够罗列出所有可能的格式时，可通过以下方式指定
多种格式
x=c("1998-08-31", "1998/08/31", "1998 年 8 月 31 日 ", "19980831")
myformat=rep(NA, length(x))
for (i in 1: length(x)){
    ii=x[i]
    myformat[i]=if (grepl("\\-", ii)) "%Y-%m-%d"
        else if (grepl("/", ii)) "%Y/%m/%d"
        else if (grepl(" 年 ", ii)) "%Y 年 %m 月 %d 日 "
        else "%Y%m%d"
}
as.Date(x, format=myformat)


## 通过指定天数和起始日期的时间确定日期
as.Date(2, origin="1998-08-31")  # "1998-09-02"
as.Date(-2, origin="19980831", format="%Y%m%d")  # "1998-08-29"
```

```
as.Date(1: 365, origin=as.Date("1998-08-31"))
```

```
## 通过 seq 生成等间隔时间
a=as.Date("1984-08-17"); b=as.Date("1998-08-31")
seq(a, b, length.out=10) # 生成等间隔的 10 个日期
seq(a, b, "2 month") # 以两个月为步长。注意："month" 不需要使用复数
seq(a, b, "50 day") # "day"、"month"、"year"、"week" 均可用来设置步长
seq(a, b, "2 week")
seq(a, by="2 year", length.out=8)
```

2. 比较和计算日期

```
## 日期比较
a=as.Date("1984-08-17"); b=as.Date("1998-08-31")
a < b # 靠后的时间较大
x=seq(a, b, by="1 year")
min(x); max(x); mean(x); median(x)
y=as.character(summary(x)) # 简单汇总
```

```
## 日期计算
c(a, b)+5 # 5 天后
y=b-a # 相减
class(y) # 相减的结果是一个 difftime 对象
as.numeric(y) # 转化为普通数值
difftime(b, a) # 另一种相减的写法
difftime(b, a, units="hours") # 用 units 指定计算间隔时的单位，可选择
"auto", "secs", "mins", "hours", "days", "weeks"
## 注意闰年带来的影响
as.Date("2020-7-9")-as.Date("2019-7-9") # 366
as.Date("2019-7-9")-as.Date("2018-7-9") # 365
```

```
## 顺序
x=as.Date(c("1970-01-03", "1969-12-30", "2019-07-09", "1900-01-
01"))
sort(x); order(x); rank(x)
```

二、时间

R 自带的时间对象为 POSIXct 对象，它与 Date 对象的差异在于，前者除了年 /
月 / 日外还包括时钟时间。

1. 生成时间

```
x=Sys.time() # 获取当前时间
# "2019-07-09 16:08:31 CST"
class(x) # "POSIXct" "POSIXt"
x=as.POSIXct("2019-07-09 16:08:31 CST") # 将字符转化为 POSIXct 对象
as.character(x) # 将 POSIXct 对象转为字符


## 字符包含的时区会被忽略，因为 R 会强制使用本地时区；如果字符不包含时区，
会被自动补上本地时区
x=c("2019-07-09 12:24:16 UTC", "2019-07-09 12:24:16", "2019-07-09
12:24:16 EST")
y=as.POSIXct(x) # "2019-07-09 12:24:16 CST" "2019-07-09 12:24:16
CST" "2019-07-09 12:24:16 CST"
y=as.POSIXct(x, tz="UTC") # 要想指定时区，必须使用 tz 参数
# 注意：时区 UTC 和 GMT 是相同的
# 笔者的时区为 CST；若要显示此时区，应设定 tz="Asia/Shanghai"
y=as.POSIXct(x, tz="Asia/Shanghai")


## 修改 format 参数
## 以下我们将使用 "%H"、"%M"、"%OS" 来提取小时、分钟和秒的信息
## as.POSIXct 函数会自动尝试以下格式："%Y-%m-%d %H:%M:%OS"、"%Y/%m/%d
%H:%M:%OS"、"%Y-%m-%d %H:%M"、"%Y/%m/%d %H:%M"、"%Y-%m-%d"、
```

```
"%Y/%m/%d"
as.POSIXct(x="2019-07-09 13:01") # 不加秒
as.POSIXct("7/9-2019", format="%m/%d-%Y") # 只有日期
as.POSIXct("8:20:01 2019-07-09", tz="HST", format="%H:%M:%OS %Y-%m-
%d") # 自定义 format


## 注意：在 as.POSIXct 中指定 origin 参数时会因时区问题出错
as.POSIXct(3600, origin="2019-07-09 13:56:40")
# [1] "2019-07-09 22:56:40 CST" # 结果并不是预想的 "2019-07-09 14:56:40
UTC"，这是因为这种写法相当于 as.POSIXct(3600, origin=as.POSIXct("2019-
07-09 13:56:40", tz="UTC"), tz="Asia/Shanghai")
## 解决办法一，在两个位置同时用 tz 参数指定同一个时区
as.POSIXct(3600, origin=as.POSIXct("2019-07-09 13:56:40", tz="UTC"),
tz="UTC")
as.POSIXct(3600, origin=as.POSIXct("2019-07-09 13:56:40", tz="Asia/
Shanghai"), tz="Asia/Shanghai")
## 解决办法二，用 +，得到本地时区的结果
as.POSIXct("2019-07-09 13:56:40")+3600


## 12 小时制与 24 小时制："%I" 代表 12 小时制的时间格式，它必须与 "%p" 搭配
使用
# 当 Sys.getlocale("LC_TIME") 的值为中文简体时，"%p" 与 " 上午 " 或 " 下午
" 匹配
as.POSIXct("2019-07-09 下 午 8:24:16", format="%Y-%m-%d %p %I:%M:
%OS")
# 当 Sys.getlocale("LC_TIME") 的值为英文时，"%p" 与 "am" 或 "pm" 匹配（忽略大
小写）
Sys.setlocale("LC_TIME", "English")
as.POSIXct("2019-07-09 PM 8:24:16", format="%Y-%m-%d %p
%I:%M:%OS")
# 完成上述操作后请将区域修改成原样: Sys.setlocale("LC_TIME", "Chinese
```

(Simplified)_China.936")

```
## 用 seq 生成序列
a=as.POSIXct("2019-07-09 13:56:40"); b=as.POSIXct("2019-07-09
14:56:40")
seq(a, b, length.out=10)
seq(a, b, by="2 min")
```

```
## round.POSIXt, trunc.POSIXt, 可选 units 有 "secs", "mins", "hours", "days",
"months", "years"
x=c("2019-05-16", "2019-05-17", "2019-04-16", "2019-02-15", "2020-
02-15")
round.POSIXt(as.Date(x), "months")
# [1] "2019-05-01 CST" "2019-06-01 CST" "2019-05-01 CST" "2019-03-
01 CST" "2020-02-01 CST" # 注意：结果跟所在月份的天数有关
round.POSIXt(as.POSIXct("2019-07-09 15:30:18"), units="months") #
注意，在保留月份时，结果后边仍然会附带上本月 1 日
trunc.POSIXt(as.POSIXct("2019-07-30 15:38:18"), units="months") #
与 round.POSIXct 进行四舍五入不同，trunc.POSIXt 只截取到所要求的位数，不
会四舍五入
trunc.POSIXt(as.POSIXct("2019-05-16 15:38:18"), units="hours")
```

2. 比较和计算时间

对时间进行比较和计算的方式与对日期进行比较和计算的方式相仿。

```
a=as.POSIXct("2019-07-09 13:56:40"); b=as.POSIXct("2019-07-09
14:56:40")
x=seq(a, b, length.out=10)
b > a
mean(x); max(x); min(x); median(x)
y=as.character(summary(x)) # 简单汇总
```

```
a+c(3600, 7200)
difftime(b, a)
difftime(b, a, units="secs")  # units 默认为 "auto"，即自动选择，可选择
"secs"、"mins"、"hours"、"days"、"weeks"
```

3. 日期 / 时间对象的保存

```
char1=c("1998/8/31", "2019/7/9")
char2=c("1998-8-31 06:06:06", "2019-7-9 11:11:11")
date=as.Date(c("1998/8/31", "2019/7/9"))
time=as.POSIXct(c("1998-8-31 06:06:06", "2019-7-9 11:11:11"))
char3=paste(c("1998-8-31 06:06:06", "2019-7-9 11:11:11"), "abcde",
sep="")
dat=data.frame(char1, char2, date, time, char3)
# write.csv(dat, "datetime.csv")  # 打开 csv 文件后，会发现上述信息会以
Excel 默认的格式显示
# dat=read.csv("datetime.csv", row.names=1)  # 但是读取文件后，发现格
式正常
```

三、从日期 / 时间对象中提取信息

以上，我们用 as.Date、as.POSIXct 等函数生成日期 / 时间，但是，如果一个对象已经是日期 / 时间对象了，我们如何从中提取出年份、月份等信息并将其书写成我们需要的格式呢？

```
## 日期
x=as.Date("2019-07-09")
format(x)  # "2019-07-09"  # 相当于 as.character(x)
format(x, "%m-%d")  # "07-09"  # 按照我们定义的格式输出
format(x, "这是月 %m 这是日 %d")
format(x, "%m, %d, %A")
```

时间

```
x=as.POSIXct("2019-07-09 13:30:01")
format(x, "%Y-%m-%d")
format(x, " 现在时间: %H 时 %M 分 ")
format(x, "%p%I:%M") # 24 小时和 12 小时制转换
```

时区的影响

```
x=as.POSIXct("2019-07-09 13:30:01") # "2019-07-09 13:30:01 CST" #
时区为笔者所在的 CST
format(x, "%H:%M:%OS") # "13:30:01" # 不修改时区
format(x, "%H:%M:%OS", tz="UTC") # "05:30:01" # 将时区改为 UTC，则会出
现 8 个小时的变动
```

几个方便函数

```
x=as.POSIXct(c("1998-8-31 06:06:06", "2019-7-9 11:11:11", "2019-07-
09 15:24:16"))
weekdays(x, abbreviate=FALSE)
months(x, abbreviate=FALSE)
quarters(x) # 返回所在季度，取值为 "Q1"、"Q2"、"Q3"、"Q4"
```

```
#==========
# 练习
#==========
## 对一组出生日期进行分组，将 1970 年 1 月 1 日以前出生的归为老年，将 1990
年 1 月 1 日以后出生的归为青年，将这两个日期之间的归为中年
birth=as.Date(c("1960-03-10", "1975-11-05", "1997-08-30", "1988-12-
30"))
limit1=as.Date("1990-01-01"); limit2=as.Date("1970-01-01")
g=rep(NA, length(birth))
for (i in 1: length(birth)){
    ii=birth[i]
```

```
    g[i]=if (ii < limit2) "老年" else if (ii >= limit2 & ii < limit1) "
中年" else "青年"
}
```

四、时间序列对象

　　时间序列对象是时间与数值的结合。例如，为了储存 5 个月的失业率信息，我们可以使用数据框，数据框的第 1 列是采样时间，第 2 列是失业率数值；但是，我们在 R 中还可以使用时间序列对象。

```
dat=ts(c(0.06, 0.07, 0.05, 0.04, 0.06), frequency=12, start=1)
#    Jan Feb  Mar  Apr  May
# 1 0.06 0.07 0.05 0.04 0.06
class(dat) # "ts"
```

```
## 使用 ts 函数可以自动将采样数值与月份和季度匹配起来
ts(1: 15, frequency=12, start=c(1998, 2)) # 这里有 15 个数值需要分配给
15 个时间点，ts 函数对这里的参数值的理解是：每年采样 12 次，也就是按月采样，
从 1998 年 2 月开始采样
ts(1: 15, frequency=4, start=c(1998, 2)) # 与上例不同，这里的 frequency=
4 被 ts 函数视为一年采样 4 次，也就是按季度采样，而 c(1998, 2) 则代表从 1998
年第 2 季度采样
```

```
## 使用 ts 函数，但不让数值与月和季度匹配
ts(1: 14, frequency=6, start=3) # 从第 3 个时间位置开始采样，每个时间位
置采样 6 次
# Start = c(3, 1)
# End = c(5, 2)
# Frequency = 6
# 输出结果的含义是：第 1 个数值来自第 3 个时间位置的第 1 次采样，最后一个数
值是第 5 个时间位置的第 2 次采样，因此共有 6+6+2=14 个数值
```

```
ts(1: 14, frequency=6, start=c(3, 3)) # 现在改成，第 1 个数值是第 3 个时
间位置的第 3 次采样
# Start = c(3, 3)
# End = c(5, 4)
# Frequency = 6
ts(1: 40, frequency=1, start=1978) # 一年一个数值

## 如果输入的是数据框，ts 函数会将每一列当成一套独立的数据
x=data.frame(a=1: 12, b=101: 112)
dat=ts(x, frequency=4, start=c(2008, 1))
class(dat) # "mts"    "ts"      "matrix"

## 截取时间序列对象的一部分
x=ts(1: 31, frequency=12, start=c(1998, 1))
window(x, start=c(1998, 3), end=c(2000, 5)) # 截取 1998 年 3 月至 2000 年
5 月的数据
x=ts(1: 23, frequency=6, start=3)
window(x, start=c(3, 2), end=c(6, 5)) # 截取第 3 个时间位置第 2 次采样至
第 6 个时间位置第 5 次采样之间的数据
```

五、lubridate 包

lubridate 包提供了很多用于处理日期 / 时间对象的方便函数。

```
# install.packages("lubridate")
library(lubridate)

## lubridate 包提供了一些用于把字符转化成日期 / 时间对象的函数，这些函数
比 as.Date 和 as.POSIXct 灵活得多
ymd(c("1998-08-31", "19980831", "1998/8/31", "1998-8/31", "1998, AUG
31st"))
```

```
# ymd(c("1998 年 8 月 31 日 ", "1998 年八月 31 日 ")) #  对中文的支持存在不
确定性，所以请尽量用英文
mdy(c("8-31-1998", "08311998"))
dmy(c("31/8/1998", "31st/Aug/1998"))
ydm("1998 31st, 8")
ymd_hms(c("2019-07-09 20:08:03", "2019-07-09 8:08:03 pm", "2019-07-
09 8:08:03")) # 注意：lubridate 包默认使用 UTC 时区
ymd_hms("2019-07-09 20:08:00", tz = "Asia/Shanghai") #  要使用 CST 时
区，需手动设置 tz 函数
ymd_hm("2019-07-09 20:08")
ymd_h("2019-07-09 20")
#  同类函数还有 dmy_hms、dmy_hm、dmy_h、mdy_hms、mdy_hm、mdy_h、ydm_
hms、ydm_hm、ydm_h，我们根据名称就可猜到它们的用途
floor_date(ymd("2019-07-09"), "month") # "2019-07-01" #  向下取整
ceiling_date(ymd("2019-07-09"), "year") # "2020-01-01" #  向上取整


## 提取信息
x=ymd_hms("2019-07-09 20:08:03")
second(x) #  提取秒。返回数值而不是字符
## 同类函数还有 minute、hour、day、year、tz
wday(x) #  返回数值形式的星期，1 为周日
wday(x, label=TRUE) #  返回定序变量周日、周一、周二……
yday(x) #  一年中的第几天
week(x) #  一年中的第几周
month(x); month(x, label=TRUE) #  月份
leap_year(2020) #  判断是否是闰年


## 时间段
period_a=ymd("20190630") %--% ymd("20190731") #  生成第 1 个类型为
Interval 的时间段
period_b=ymd("20190715") %--% ymd("20190804") #  生成第 2 个时间段
```

```
int_overlaps(period_a, period_b) # 两个时间段是否有重合
intersect(period_a, period_b) # 如果有重合, 重合的部分是什么
union(period_a, period_b) # 合并两个时间段


## Duration 对象和 Period 对象
## 按照 lubridate 包的文档的解释, Duration 对象是以秒计算的时间
dseconds(x=1); dminutes(x=1); dhours(x=1)
ddays(x=1); dweeks(x=1); dyears(x=1) # 有的版本需要使用 lubridate:::
dmonths
## Period 对象的表示方法有所不同
seconds(x=1); minutes(x=1); hours(x=1); days(x=1)
weeks(x=1); months(x=1); years(x=1)
ymd("2012-01-01")+dyears(1)
# "2012-12-31 06:00:00 UTC" # Duration 对象不随闰年改变, 所以这里相当
于加上了 365.25 天
ymd("2012-01-01")+years(1)
# "2013-01-01" # Period 对象随闰年改变, 所以这里正确地加上了 366 天而不
是 365 天


## 相加时出现日期不存在的情况
ymd("2012-01-31")+months(1) # NA # 加上 1 个月被认为是加上 31 天, 而 2
月 31 日不存在
ymd("2012-01-31")+months(2) # "2012-03-31"
ymd("2012-01-31")+months(3) # NA # 4 月 31 日也不存在
## 解决办法: 用 %m+%, 确保输出确实存在的日期
ymd("2012-01-31") %m+% months(1) # "2012-02-29"
ymd("2012-01-31") %m+% months(3) # "2012-04-30"


## 修改单个元素
x=ymd_hms("2019-07-09 20:08:03")
second(x)=33
```

```
year(x)=2008
tz(x)="Asia/Shanghai" # 等同于 force_tz(x, "Asia/Shanghai")
with_tz(x, "America/Chicago") # "2019-07-09 07:08:33 CDT" # 转化成另
```
一个时区的时间

六、填充缺失值

1. 固定值填充和线性填充

　　尽管我们可以去掉包含缺失值的个案，但有时，为了得到完整或美观的图表，我们还需保留这些个案并把缺失值填充上。在处理跟日期和时间相关的缺失值时，我们可使用 zoo 包。

```
# install.packages("zoo")
library(zoo)
```

```
## 我们使用 na.approx 函数进行线性填充，但在这之前，必须把待填充的向量转
化成 zoo 对象
x=zoo(c(NA, 1, NA, NA, NA, 3, NA, 7, 4, NA))
class(x) # "zoo"
y=na.approx(x, na.rm=FALSE, method="linear")
# 注意：有时第一个值或最后一个值是缺失值，默认情况下，这些值不但不会被填
充而且会被删除；为保持结果的项数与输入的项数一致，务必设置 na.rm=FALSE
as.numeric(y) # 将填充结果转为数值向量
```

```
## 使用固定值填充。默认设置是，将数值按顺序排列，用缺失值左边的非缺失值
填充
na.approx(x, na.rm=FALSE, method="constant")
# 当把默认的 f=0 改为 f=1 时，则用缺失值右边的非缺失值填充
na.approx(x, na.rm=FALSE, method="constant", f=1)
# 事实上，这里的 f 可以改成 0 与 1 之间的任意数
na.approx(x, na.rm=FALSE, method="constant", f=0.25) # 以 1 与 3 之间的
```

缺失值为例，(3-1)*0.25=0.5，1+0.5=1.5，所以这些缺失值被替换成了 1.5

```r
## zoo 函数的索引号参数 order.by
# 默认情况下，索引号是连续的
x=zoo(c(10, NA, 30, 40, 50)) # 相当于 zoo(c(10, NA, 30, 40, 50), order.
by=1: 5)
na.approx(x)
# 但索引号也可以是非连续的
x=zoo(c(10, NA, 50, 30, 40), order.by=c(1, 2, 5, 3, 4))
na.approx(x)
# 索引号不连续的情境是，例如，尽管我们按照时间点1、2、3、4、5采样，但是
当把数值录入到表格里时，并没有按顺序录入
dat=data.frame(v=c(10, NA, 50, 30, 40), time=c(1, 2, 5, 3, 4))
x=zoo(dat$v, order.by=dat$time)
na.approx(x)
# 注意：索引号不同时，结果也不同。所以，为防止出错，尽量使用连续的索引号
x=zoo(c(0, NA, NA, 1), order.by=c(1, 2, 3, 4)); na.approx(x)
x=zoo(c(0, NA, NA, 1), order.by=c(1, 2, 3, 5)); na.approx(x)


## 使用 na.locf 填充头部和尾部的缺失值
x=zoo(c(NA, NA, 1, NA, 2, 3, NA, NA))
y=na.approx(x, na.rm=FALSE) # 此时向量头部和尾部仍是缺失值
y=na.locf(y, na.rm=FALSE) # 填充尾部缺失值
y=na.locf(y, na.rm=FALSE, fromLast=TRUE) # 填充头部缺失值
# 可见，要填充全部缺失值，我们需同时使用 na.approx 和 na.locf


## 现在假设我们要对1至6月的数据作图，但实际上我们只有2、3、5月的数据，
这意味着我们需要填充1、4、6月的缺失值
d1=as.Date(c("2019-02-01", "2019-03-01", "2019-05-01")) # 3 个有数据
的月份
```

```
x1=c(22, 33, 55)  # 与上述 3 个月份相对应的数值
```

\# 接下来开始填充：第 1 步，生成完整的日期

```
d2=seq(as.Date("2019-01-01"), as.Date("2019-06-01"), by="month")
```

\# 第 2 步，生成完整的带缺失值的数据，并将非缺失值填入

```
x2=rep(NA, length(d2))
pos=match(d1, d2)
x2[pos]=x1
```

\# 第 3 步，填充

\# 方法 1：以日期为索引号

```
z=zoo(x2, order.by=d2)
result=na.approx(z, na.rm=FALSE)
```

\# 方法 2：以 1、2、3……为索引号，结果与方法 1 不同

```
z=zoo(x2, order.by=1: length(x2))
result=na.approx(z, na.rm=FALSE)
```

\# 第 4 步，填充两边的缺失值

```
result=na.locf(result, na.rm=FALSE)
result=na.locf(result, na.rm=FALSE, fromLast=TRUE)
```


\#\# 上述方法 1 和方法 2 的区别在以下例子中更为明显

```
z=zoo(c(1, NA, 3, NA, 5), order.by=as.Date(c("2019-01-01", "2019-01-
02", "2019-01-03", "2019-01-05", "2019-01-31")))
```

```
na.approx(z, na.rm=FALSE)  # 1 月 2 日与 1 月 1 日、与 1 月 3 日是等间隔的，
```
所以缺失值被替换成了 1 日与 3 日的中间值 2；相反，1 月 5 日与 1 月 3 日、与 1 月 31 日不是等间隔的，所以缺失值没有被替换成中间值 4

```
z=zoo(c(1, NA, 3, NA, 5), order.by=1: 5)
```

```
na.approx(z, na.rm=FALSE)  # 如果只以 1、2、3……为索引号，则日期之间的
```
真实间隔被忽略，所以缺失值被替换成了 2 和 4

2. 其他填充方法

用 zoo 包中的 na.spline 函数可实现样条填充，使用方法与 na.approx 相同。

imputeTS 包中的 na.interpolation 函数也可实现以线性方式填充。

```
# install.packages("imputeTS")
library(imputeTS)
x=c(NA, 1, 3, NA, 5, 6, NA, NA, NA, 9, NA)
na.interpolation(x, option="linear") # option 还可选 "spline"、"stine"
```

此外，imputeTS 包还包含其他填充方法。
```
na.kalman(x, model="StructTS") # 用 StructTS 函数拟合模型并填充
na.kalman(x, model="auto.arima") # 用 auto.arima 函数拟合模型并
填充
na.ma(x, k=2, weighting="exponential") # 加权移动平均法。参数 k 指
定使用多少个非缺失值，例如 k=2 代表使用左边 2 个 + 右边 2 个 =4 个非缺失
值；weighting 为加权方法，默认为 "exponential"，还可选择 "simple" 或
"linear"
na.mean(x, option="mean") # option 还可以是 "mean"、"median"、"mode"，
代表以均值、中位数或众数填充
na.replace(x, fill=9999) # 填充一个特定数
```

第二节　颜色

本节将介绍如何在 R 中表示颜色、在不同表示法之间进行转换以及根据需要
生成颜色。

```
## 用 showcolor 函数方便地展示颜色
# install.packages("plothelper")
library(plothelper)
showcolor(c("red", "purple", "blue"))
```

一、颜色的表示
在 R 中，一些颜色拥有确切的名字，如 "red"、"orangered"、"skyblue" 等。

```
all_color=colors() # 用 colors 函数获取所有颜色名称，读者可查看课件中的
"R 语言颜色表 .pdf"
set.seed(12345); showcolor(sample(all_color, 10), label_size=8)
```

没有名字的颜色，需使用 RGB 系统、十六进制法、HSB/HSV 系统和 HCL 系统来表示。HSL 系统和 CMYK 系统也是常用的颜色系统，但我们在此不作介绍。

1. RGB 系统

```
## rgb 函数用来把代表红色、绿色和蓝色的 R、G、B 三个值组合成一个颜色值；但
注意，参数 maxColorValue 的默认值是 1 而不是 255
# 例如，要把红 =23，绿 =100，蓝 =200 转化成十六进制，有两种方法
rgb(red=23, green=100, blue=200, maxColorValue=255) # "#1764C8"
rgb(red=23/255, green=100/255, blue=200/255) # "#1764C8"
# 转化结果是一个以 # 号打头的十六进制字符，这实际上是下边要讲到的十六进制
颜色
x=rgb(c(255, 0, 30), c(10, 230, 0), c(20, 40, 66), maxColorValue=
255) # 同时转化 [255, 10, 20]、[0, 230, 40]、[30, 0, 66] 这三个颜色
showcolor(x)
```

2. 十六进制

在十六进制表示法中，# 号后有 6 个数字，第 1 和 2 位、第 3 和 4 位、第 5 和 6 位分别代表 RGB 系统中的三个值。

```
# 例如，红色的 RGB 值为 255、0、0
x=as.hexmode(c(255, 0, 0)) # "ff" "00" "00"
x=as.character(x)
x=paste(c("#", x), collapse="") # "#ff0000"
# 注意：（1）字符前务必要加井号；（2）不用区分大小写
```

3. HSB/HSV 系统

```
## 用 hsv 函数将 HSB/HSV 值转化成十六进制颜色
```

```
hsv(h=0.1667, s=1, v=1) # 代表色相、饱和度和明度的三个参数的取值范围为 0
至 1；s 和 v 的默认值都是 1
x=hsv(h=c(0, 0.333, 0.666), v=0.6) # 同时生成红、绿、蓝三个颜色，并将明
度设为 0.6
showcolor(x)
```

4. HCL 系统

HCL 系统（亦被称为使用极坐标的 CIELUV 系统）是一种较为符合视觉感知的颜色系统，它通过色相（H）、色度（C）和亮度（L）来确定颜色。其中，H 的取值范围是 0 至 360，L 的取值范围是 0 至 100，而 C 的取值范围并非固定值，要根据 H 和 L 的值确定。下文关于表示法转换的部分，将会介绍生成 HCL 颜色的方法。

5. 透明度

透明度（alpha）的取值为 0 至 1。较小的数值意味着图形背后的颜色会透出来，较大的数值意味着图形能够遮挡背后的颜色。

```
# install.packages("scales") # 手动设置透明度，需使用 scales 包
library(scales)
alpha("red", 0.3)
# 十六进制的颜色字符有八位，其最后两位表示透明度；当颜色的透明度变化时，
它的前六位不变
mycolor=alpha("red", c(0.3, 0.5, 1)) # 同时生成有不同透明度的三个红色
showcolor(mycolor)
hsv(h=0.1667, s=1, v=1, alpha=0.5) # 在 hsv 函数中用 alpha 参数指定
alpha 值
rgb(23/255, 100/255, 200/255, alpha=0.5) # 在 rgb 函数中，由于 alpha
的取值范围是 0 至 1，所以为防止出现错误，请把前三个值的取值范围也改为 0
至 1
```

二、颜色表示法之间的转换

在可视化过程中，我们会遇到不同的颜色表示法。那么，如何把一种表示法转化成另一种表示法呢？实际上，上文已经提到了如何把 RGB、HSB/HSV 表示法转化成十六进制表示法，而接下来我们将主要学习由 farver 包提供的转化方法。farver 包为不同表示法之间的转换提供了方便且统一的界面。至于 R 自带的 col2rgb、rgb2hsv 等转化函数，读者如有需要可自行学习。

```
library(farver)
```

```
## decode_colour 可将颜色名或十六进制表示法转化成其他表示法。其中，
colour 为颜色向量。alpha 用于设置是否输出透明度（对于像 "red" 这样的无透
明度信息的颜色，函数会将透明度设为 1）。to 用于设置我们希望使用的表示法，
选项包括我们在上文中提到的 "rgb"、"hsv"、'hcl' 以及在某些情况下会用到的
"cmyk"、"hsl" 等
x=c("red", "#0000ff", "#00ff00cc", NA) # 缺失值将不会被转化
decode_colour(x, alpha=TRUE, to="rgb")
# 当 to="rgb" 时，矩阵的前 3 列显示值域为 0 至 255 的 RGB 值。由于 alpha=
TRUE，所以第 4 列用于显示透明度
#            r        g        b       alpha
# [1,]     255        0        0        1.0
# [2,]       0        0      255        1.0
# [3,]       0      255        0        0.8
# [4,]      NA       NA       NA         NA
```

```
decode_colour(colour=x, alpha=FALSE, to="hsv") # 转为 HSV。注意：此处
H 的值域不是 0 至 1，而是 0 至 360
decode_colour(colour=x, alpha=FALSE, to="hcl") # 转为 HCL
```

```
## encode_colour 用于实现 decode_colour 的逆操作，即把其他表示法转回十六
进制表示法。其中，colour 为数值矩阵，它的每一行代表一个颜色。矩阵的列数
```

应根据需要确定，例如，若 from="rgb"（即初始值为 RGB 值），则矩阵应包含分别代表 R、G、B 的三列。alpha 为透明度向量，当它为 NULL 时，结果不包含透明度。from 的选项与 decode_colour 的 to 参数相同

```
x=matrix(c(255, 0, 0, 0, 0, 255), nrow=2)
encode_colour(colour=x, alpha=c(1, 0.5), from="rgb")
encode_colour(colour=matrix(c(120, 1, 1), nrow=1), from="hsv")  # 注
意：即使待转换的颜色只有一个，数值也必须用矩阵给出
```

```
## convert_colour 用于实现多种表示法之间的转换。其中，from 和 to 分别表示
初始表示法和转化后的表示法
x=matrix(c(255, 0, 0, 0, 0, 255), nrow=2)  # 将红色和蓝色的 RGB 值转为
HCL 值
res1=convert_colour(colour=x, from="rgb", to="hcl")
res2=convert_colour(colour=res1, from="hcl", to="rgb")  # 四舍五入后
与 x 相同
```

```
## get_channel 和 set_channel 用于实现在不对十六进制表示法进行转化的情况
下获取、更改颜色通道的操作。其中，colour 为颜色向量。channel 和 space 用
于设置待获取或修改的通道和这个通道所在的空间。例如，对 RGB 表示法而言，R
（红色）通道 "r" 和透明度通道 "alpha" 是可以被修改的；而对于 HSV 表示法而言，
"r" 通道是无法修改的，因为这个通道不存在。value 用于设置修改后的数值
x=c("red", "purple", "#0000ff", "#00ff00cc")
get_channel(colour=x, channel="r", space="rgb") # 获取 R 通道
get_channel(colour=x, channel="alpha", space="rgb") # 获取透明度
get_channel(colour=x, channel="h", space="hcl")  #  由于 space="hcl"，
所以这里的 "h" 是 HCL 中的 H 通道而不是 HSV 中的 H 通道
set_channel(colour=x, channel="alpha", value=c(0.4, 0.6, 1, 1),
space="rgb") # 在 RGB 表示法下修改透明度（相当于 scales::alpha）
set_channel(colour=x, channel="v", value=c(0.4, 0.6, 1, 1),
space="hsv")
```

三、生成颜色

```
## 用 gray 或 grey 生成不同程度的灰色
y=gray(level=c(0.1, 0.3, 0.5, 0.7), alpha=0.8) # level 的取值为 0 至 1，
0 代表全黑，1 代表全白
showcolor(y)


## 用 rainbow 生成连续的色盘色
y=rainbow(7)
showcolor(y)
showcolor(rainbow(20)) # 当颜色多时，末端的颜色开始接近红色
showcolor(rainbow(20, start=0, end=2/3)) # 用 end 将末端设成蓝色（色盘
的 2/3 处是蓝色）；当然，开端也可以用 start 设置


## 在 RGB 系统下生成多个颜色之间的任意多个渐变色
y=colorRampPalette(c("blue", "yellow", "red"))(10) # 注意：仅用
colorRampPalette(c("blue", "yellow", "red")) 只能生成函数而不能生成
颜色
showcolor(y)
colorRampPalette(c("#ff0000", "#00ff00"))(10) # 用十六进制表示法时，
不要加上透明度


## 使用 RColorBrewer 包中的配色方案
# install.packages("RColorBrewer")
library(RColorBrewer)
brewer.pal.info # 这个数据框包含包中所有成套颜色的信息
y=brewer.pal(6, "Greens") # 提取颜色，n 为提取多少颜色（不能多于该套颜
色的总颜色数），name 为该套颜色的名称
showcolor(y)
```

使用 HCL 配色方案

使用 colorRampPalette 函数生成渐变色，并把 space 参数的值从默认的 "rgb" 改为 "Lab"

```
y=colorRampPalette(c("orange", "blue"), space="Lab")(10)
```

R 自带丰富的 HCL 配色方案。我们可用 hcl.pals 函数查看可用配色方案的名称

```
pal_name=hcl.pals(type=NULL) # type 参数的默认值为 NULL，代表显示所有配色方案的名称，亦可改为 "sequential"（适用于连续变量的颜色）、"qualitative"（适用于离散变量的颜色）、"diverging"（适用于中间值有明确意义的连续变量的颜色）、"divergingx"（适用于连续变量，但在颜色的平衡性方面不如 "diverging"）
```

如果要使用某个配色方案，则使用 hcl.colors 函数提取颜色

```
mycolor=hcl.colors(n=15, palette="Peach") # 在本例中，我们选中了名为 "Peach" 的配色方案，并用 n（n 为任意大于等于 1 的整数）来确定要获取多少颜色
showcolor(mycolor)
```

不过，hcl.pal 函数只显示配色方案名称，而不能把配色方案的颜色显示出来。我们用 colorspace 包中的 hcl_palettes 函数来直观地查看（但不能提取）这些颜色

```
check_color=colorspace::hcl_palettes(type="diverging", plot=TRUE, n=8) # type 参数的取值与 hcl.pals 相同，没有 "divergingx" 这个选项；plot 参数此处应设为 TRUE，这是因为我们要在图上查看颜色；n 为每个配色方案显示的颜色数
```

为数值分配颜色

设想我们希望在图表上用绿色点代表最小值，用红色点代表最大值，并用绿色与红色之间的渐变色赋予其他点，此时我们该如何获取颜色？

```
x=c(1, 2.8, 3)
```

最简单的办法是用 colorRampPalette，这样 1 得到绿色，3 得到绿色，2.8 得

到绿色与红色中间的颜色

```
color_1=colorRampPalette(c("green", "red"), space="Lab")(3)
# 但也许我们想实现的效果是这样的：既然 2.8 更接近 3，那么第 2 个颜色就不应
该正好位于绿色与红色之间，而是应该更偏向红色
library(scales)
f=col_numeric(palette=c("green", "red"), domain=c(1, 3),
na.color="#808080") # 用此函数生成的不是最终的颜色，而是可用来对颜色进
行加工的另一个函数。参数 palette 指定颜色，domain 指定数值范围。本例中，
我们要处理的数值是 1、2.8、3，故取最小值和最大值 1 和 3，na.color 用于指定
缺失值的颜色。最终产生的颜色是位于 Lab 系统（相当于 HCL 系统）中的渐变色
color_2=f(x)


## 用 RImagePalette 包提取画中的主要颜色
# install.packages("RImagePalette")
# install.packages(c("png", "jpeg")) # 这两个包分别用于读取 png 或 jpg
格式的图片
library(RImagePalette); library(png); library(jpeg)
# 用 png::readPNG 读取 png 图片，用 readJPEG 读取 jpg 图片
x=readJPEG("flower.jpg") # 课件中的图片
set.seed(1234) # 为确保每次得到相同的提取结果，需设随机种子
y=image_palette(x, n=10)
showcolor(y)
```

第三节　magick 包中的图片处理

在完成可视化任务的过程中，我们有时除了需要把数据映射到图表中，还需要在图表中添加图片，因此我们在此介绍一些与图片处理有关的操作。当然，读者也可以在读到本书与添加图片相关的内容时，再回过头来学习本部分。

R 中涉及图片处理的包有 magick、imager、imagerExtra 等，此处只介绍使用起来较为方便的 magick 包。

一、读入图片

```
# install.packages(c("magick", "imager"))
library(magick)
library(imager)
library(jpeg)
```

```
## 用 image_read 读取图片。如果图片为 pdf 文件，可用 image_read_pdf 函
数读取。在 jpg 和 png 这两种格式中，我们最好选择 png 格式，因为它支持图片
的透明度
image=image_read("read.jpg") # 课件中的图片
class(image) # "magick-image"
```

要注意的是，不同的读取图片函数得到的对象的类型不同。magick::image_read 生成 magick-image 对象；imager::load.image 得到的是 cimage 对象，jpeg::readJPEG 和 png::readPNG 得到的是 array 或 nativeRaster 对象。

```
image # 显示图片及图片信息
# format   width height…
# 1   JPEG   872     595…
```

图片尺寸是指图片的宽和高。例子中图片的宽和高是 872 和 595，或者说，它的尺寸是 "872×595"，这意味着图片在水平方向上每行有 872 个像素，在垂直方向上每列有 595 个像素；如果给每个像素一个序号的话，那么图片的左上角就是第一个像素，右下角就是最后一个像素（换句话说，左上角是图片像素位置的原点）。

```
info=image_info(image) # 用 image_info 函数也可以提取图片信息
class(info) # "tbl_df" "tbl" "data.frame"
as.numeric(info[1, 2: 3]) # 提取宽和高
```

现在我们再来看看电脑是如何储存图片的。

```
x1=load.image("read.jpg") # imager 包中的函数
x1
# Image. Width: 872 pix Height: 595 pix Depth: 1 Colour channels: 3
```

　　计算机用四个维度来储存图片：除了宽和高之外，还有一个深度（Depth），它仅在视频中代表图片出现的时间顺序；颜色通道（Colour channels）是指颜色值，每一个像素都用其红／绿／蓝色的数值来表示。

　　现在我们再用数组来存储同一张图片。

```
x2=readJPEG("read.jpg") # jpeg 包中的函数
dim(x2)
# [1] 595  872    3
```

这个数组包含 3 层，每一层都相当于一个有 595 行（相当于图片的高）和 872 列（相当于图片的宽）的矩阵。而数组的 3 个层分别对应着像素的红／绿／蓝值；如果图片包含透明度信息，那么这个数组就会有 4 层。

```
R(x1)[101: 105, 101: 105] # 用 imager 中的 R 函数、G 函数、B 函数可以提取
```
红／绿／蓝值
```
t(x2[, , 1])[101: 105, 101: 105]
# 以上两种方法都用来提取红值的特定部分，能够得到相同的结果
```

　　下边我们继续对变量类型进行转化。

```
image_ra=as.raster(image) # 转化为 raster 对象
class(image_ra) # "raster"
image_ma=as.matrix(image_ra) # 把 raster 对象转化为矩阵对象
dim(image_ra) # 595 872
dim(image_ma) # 595 872
image_ma[51: 53, 101: 102] # 截取图片的一部分
#              [, 1]        [, 2]
```

```
# [1, ] "#f1e7b4ff" "#f2e6b2ff"
# [2, ] "#f4e8b4ff" "#f4e8b4ff"
# [3, ] "#f8edb7ff" "#f8edb7ff"
```

可见，raster 对象可以被看成一个矩阵。一张图片原本用包含三个通道的数组来表示，而现在为什么能够用仅有两个维度的数值来表示呢？这是因为在这个矩阵中，每一个像素的红／蓝／绿值（可能还要加上透明度值）都已被合并成一个十六进制字符，因而只占用一个单元格。这个 raster 对象或矩阵对象的第一行第一列的单元格对应着图片的左上角。

```
## 用 image_convert 实现不同格式图片的互相转化
image_png=image_convert(image, format="png", matte=TRUE)  # 转为支持
透明度的 png 图片时，务必设置 matte=TRUE


## 用 image_write 保存图片，注意文件名的后缀要跟图片本身的格式相符
# image_write(image_png, "new.png")
```

二、裁剪、翻转、伸缩

```
image=image_read("read.jpg")


## 裁剪图片边缘
## 当图片有多余的边缘（特别是白边）时，这个函数会非常有用。但需要注意的
是，一方面，有时函数会裁掉过多的部分，在这种情况下，我们最好还是自己手动
裁剪；另一方面，有时我们又会觉得裁剪得还不够多，此时可调大 fuzz 参数（0 至
100 的数值，默认为 0）
image=image_trim(image, fuzz=8)
image_info(image)  # 裁剪边缘后图片变小


## 添加边缘
```

```
image_border(image, color="cyan", geometry="20x40") # geometry 用来
```
指定边缘的宽度

图片旋转
```
image_rotate(image, degrees=-45) # 旋转。第二个参数为角度
image_flip(image) # 上下翻转
image_flop(image) # 左右翻转
```


图片截取
```
image_crop(image, geometry="550x300+39+209") # 此处 geometry 参数
```
的含义是：以宽 40（39+1）、高 210（209+1）的位置为将要截取出的小图片的左上
角，截取宽 550、高 300 的区域
```
image_crop(image, geometry="416x557+0+0") # 保留左半边，去掉右半边，也
```
就是从 "+0+0"（最左边，最上边）开始，截取宽为 416，高为 557 的区域
```
image_crop(image, geometry="416x278+0+279") # 截取图片左下角占图片四
```
分之一的区域，其中 "0+279" 代表从最左边高是 279 的位置开始截取，"416x278"
代表截取宽为 416，高是 278 的矩形区域
```
image_crop(image, geometry="400x250+20+30", gravity="southeast") #
```
设定 gravity 为 "southeast" 后，坐标原点变为右下角。我们从右下角向左移 20，
向上移 30，截取宽为 400，高为 250 的区域
注意：gravity 的取值为 "center"、"north"、"east"、"south"、"west"、
"northeast"、"northwest"（默认值，即左上角）、"southeast"、"southwest"
```
image_crop(image, geometry="240x120+0+100", gravity="west") # 将
```
gravity 设为 "west"，此时 geometry 中 "+0+0" 表示左边中间位置，而 "+0+100"
和 "+0-100" 的效果一样，都表示向下移动 100
```
#==========
# 练习：通过点击鼠标方便地进行截取
#==========

library(plothelper)
# image_crop_click(image) # 我们此时在画面上点击至少两次以便确定出矩形
```
区域的四个边界，然后按 Esc 键，就可完成截取了，读者可通过查阅该函数的帮助

了解如何截取不规则区域

尺寸调整

```
image_resize(image, "400x390!") # 宽为 400, 高为 390
image_resize(image, "400x390") # 宽为 400, 高为 268
# 这两行代码的差异在于, 第 1 行代码加了 "!", 调整后图片的尺寸正好就是我们
设定的尺寸, 只是图片的宽和高发生了扭曲; 第 2 行代码没有加 "!", 程序会尝试
保持宽高比, 使图片不扭曲, 但尺寸不一定跟我们设定的相同
image_resize(image, "595x842!") # A4 纸的比例
image_resize(image, "90%x120%!") # 两个数字后都加 "%", 会被理解为根据
百分比进行调整
image_resize(image, "400x>450!") # ">450" 的含义是, 如果图片的高大于
450, 就将其调整为 450, 如果不大于 450, 就保持不变; "<" 的含义与此相仿
image_resize(image, "400") # 宽调为 400, 高根据高宽比自动调整
image_resize(image, "400!") # 宽调为 400, 高保持不变
image_resize(image, "x400") # 高调为 400 (此处 "x" 前边什么都不写), 宽自
动调整
```

三、图片效果

```
plane=image_resize(image_read("plane yellow.jpg"), "25%x25%!") # 课
件中的图片
```

转为黑白图片
```
image_convert(plane, colorspace="gray")
```

加入和减少噪声
```
image_noise(plane, noisetype="gaussian") # "gaussian" 为高斯噪声 (图
1-3-1a), 还可选择 "multiplicative"、"impulse"、"laplacian"、"poisson"
image_reducenoise(plane, radius=8) # 减少噪声以产生模糊化效果, radius
```

越大，效果越明显（图 1-3-1b）

模糊化
image_blur(plane, radius=5, sigma=10) # radius 和 sigma 的默认值为 1 和 0.5，要增强效果必须同时增大它们的值（图 1-3-1c）
image_median(plane, radius=10) # 中值模糊化（图 1-3-1d）

油画效果
image_oilpaint(plane, radius=6) # radius 越大，效果越明显，默认为 1（图 1-3-1e）

图 1-3-1　左上 = 图 a 加入噪声，右上 = 图 b 减少噪声，左中 = 图 c 模糊化，右中 = 图 d 中值模糊化，左下 = 图 e 油画效果，右下 = 图 f 炭笔效果

炭笔效果

image_charcoal(plane, radius=1, sigma=0.5) # radius 和 sigma 的默认值为 1 和 0.5，要增强效果必须同时增大它们的值（图 1-3-1f）

反色

image_negate(plane) #（图 1-3-2a）

image_negate(image_convolve(plane, kernel="DoG:0, 0, 2")) # High Pass 效果（图 1-3-2b）

酸化效果

image_emboss(plane, radius=2, sigma=2) # 主要通过调节 radius 参数改变效果

内爆扭曲

image_implode(plane, factor=0.5) # factor 为 0 至 1 的数值

添加半透明矩形

image_colorize(plane, opacity=30, color="purple") # 必须给出 opacity 和 color，opacity 的值越大效果越明显（图 1-3-2c）

均衡化

image_equalize(plane)

HSV 调整

image_modulate(plane, brightness=120, saturation=120, hue=190) # brightness 和 saturation 参数表示明度和饱和度相对于当前值的变化百分比；默认值都是 100，也就是不发生变化；hue 的默认值为 100，取值范围为 0 至 200，表示在色盘的当前位置向两边旋转的角度（因此，200 就代表向后旋转 180 度）（图 1-3-2d）

图 1-3-2　左上 = 图 a 反色，右上 = 图 b High Pass 效果，左中 = 图 c 添加半透明矩形，右中 = 图 d HSV 调整，左下 = 图 e 减少颜色并使用黑白颜色，右下 = 图 f 将透明背景变为有色背景

减少图片中颜色的数量

```
image_quantize(plane, max=2)  # 用 max 指定允许出现的颜色的数量（默认值为 256）
image_quantize(plane, max=20, colorspace="gray")  # 转为黑白图片并限制灰度的数量（图 1-3-2e）
```

添加背景色

transp=image_read("plane yellow transparent.png") # 课件中的图片

image_background(transp, color="purple") #（图 1-3-2f）

图片合并

不同的合并效果是通过设置 image_composite 函数中的 operator 参数实现的，我们可以用 compose_types() 来查看 operator 的可选项。以下列出了几种常用的操作

a=image_read("river.jpg") # 课件中的图片

a=image_resize(a, "600x400!")

b=image_read("plane transparent.png")

b=image_resize(b, "200x150!")

image_composite(a, b, operator="atop", offset="+200+125") # 将 b 置于 a 的上边，并且将 a 中用 offset 指定的点作为 b 的左上角（图 1-3-3a）

image_composite(a, b, operator="atop", gravity="center") # 将 b 置于 a 的中间。请查看上文对 gravity 参数的解释

image_composite(a, b, operator="blend", compose_args="65", offset="+200+125") # operator="blend" 代表图片融合，compose_args 用字符设定，数值越小，b 越不明显（图 1-3-3b）

图 1-3-3　左 = 图 a atop 合并，右 = 图 b blend 合并

先把 a 中与 b 尺寸相同的一个区域（在本例中是 a 的中心区域）截取出来，再用 b 的形状去截取这个区域

```
part=image_crop(a, "200x150+199+124")
```

image_composite(b, part, operator="in") # 飞机轮廓外变为透明（图 1-3-4a）

image_composite(b, part, operator="out") # 飞机轮廓内变为透明（图 1-3-4b）

现在将 operator 设为 "dstout"，从而保留 a，但是让 a 由 b 中的图形占据的地方变为透明。注意：透明度在 jpg 格式的图片中是无效的，而本例中的 a 就是 jpg 格式的图片，因此我们必须首先将 a 转为 png 格式，同时用 matte=TRUE 打开透明度效果（图 1-3-4c）

a_matte=image_convert(a, "png", matte=TRUE)

image_composite(a_matte, b, operator="dstout", offset="+200+125")

图 1-3-4　左上 = 图 a in 合并，左下 = 图 b out 合并，右 = 图 c dstout 合并

第二章 散点图、折线图、复合图表

尽管本章讲解的是像散点图这样的简单图表的绘制方法，但是初学 ggplot 系统的读者不应该跳过本章，因为我们在此要讲解 ggplot 代码的基本写法、图形属性分配等重要内容。

第一节 散点图

一、ggplot 代码的基本用法

让我们从生活满意度调查开始。数据集 happy small.csv 记录了若干国家 2017 年的人均 GDP 和生活满意度分数。受访者被要求用 0 至 10 的数值评估自己的满意度，0 代表非常不满意，10 代表非常满意，每个国家或地区的得分是该国家或地区所有受访者的分数的均值。我们希望用散点图来呈现这两个变量之间的关系。

```
library(ggplot2)
dat=read.csv("happy small.csv", row.names=1) # 课件中的文件

ggplot()+ # 第 1 行
    geom_point(data=dat, na.rm=TRUE, aes(GDP_percap, Satisfaction),
color="blue")+ # 第 2 行
    labs(title="Life Satisfaction VS. GDP per capita") # 第 3 行
```

下面我们来解释一下以上 ggplot 代码的含义。第 1 行，也就是 ggplot 函数加一个括号，可以看成是一个必不可少的标记，用来告诉程序我们打算用 ggplot 画图。如果没有这个标记，后面的所有图层都不会被绘制出来。第 2 行的 geom_point 是实际执行绘制散点图图层的命令。其中，data 参数指向我们使用的数据，color 指向点的颜色（这里是蓝色），na.rm 决定处理缺失值的方法。我们给出 X 坐

标和 Y 坐标的完整的代码是 aes(GDP_percap, Satisfaction)，这里需要注意的有三点：第一，由于参数 x 和参数 y 是位于前端的两个参数，所以参数名可以省略；第二，GDP_percap 和 Satisfaction 并不是位于整个 R 之中的变量（或者说，不是全局变量），而是被 data 所指定的数据框 dat 中具有相应名称的两列；第三，我们不能把 X 和 Y 坐标直接放在 geom_point 函数里，而必须放在 aes 函数里。第 3 行代码用于给图表添加标题——我们将会在第三章详细讲述标题等图表附属元素。这几行代码也可以合并为一行，但不管我们是否合并它们，都应该用加号来把它们连接起来——事实上，ggplot 中的语句都必须用加号来连接。不过，务必不要在最后一个语句后写加号，否则程序会认为你的代码还没有写完。

　　以下几种书写方式的效果相同：

```
qplot(GDP_percap, Satisfaction, data=dat) # 写法 1
ggplot()+stat_identity(data=dat, aes(GDP_percap, Satisfaction),
geom="point") # 写法 2
ggplot(dat)+geom_point(aes(GDP_percap, Satisfaction)) # 写法 3
ggplot()+geom_point(data=dat, aes(GDP_percap, Satisfaction)) # 写
法 4
ggplot()+geom_point(aes(dat$GDP_percap, dat$Satisfaction)) # 写
法 5
ggplot(dat, aes(GDP_percap, Satisfaction))+geom_point() # 写法 6
```

　　在上面的代码中，写法 1 用到了 qplot，这个函数用来快速作图；但鉴于我们将要学习 ggplot 系统的完整代码写法，所以我们无需使用 qplot。写法 2 使用了 stat_identity。在 ggplot 系统中，用来作图的函数有两个系列，一是 geom_* 系列（如，geom_point），二是 stat_* 系列。这两个系列的函数所使用的代码不同，但绘图效果是完全相同的。我们只需要学习 geom_* 系列（它的函数名称更为直观），而不需要学习 stat_* 系列。

　　写法 3 是我们推荐的写法，它把数据放在 ggplot 里，而把坐标等信息放在图层函数 geom_point 里。写法 4 也是我们推荐的写法，它把数据放在了 geom_point

里，而没有放在 ggplot 里，这是因为有时我们需要一次绘制多个图层（而不像本例那样只绘制一个图层），而不同图层会使用不同的数据；在此情况下，将数据放在一个图层函数里，意味着这个数据只会被这个图层使用。

　　写法 5 没有在任何地方赋值给 data 参数，而是直接在 aes 里给出两个向量。

　　写法 6 时常出现，它把数据和坐标都放在 ggplot 中，后边的图层都可以使用这里的数据和坐标，这种写法固然可以简化代码（所以 geom_point 里可以什么都不写），但也易引起混淆，所以我们不推荐这种写法。

　　以下两种写法也经常会被用到：

```
# 写法7
p=ggplot(dat)
p+geom_point(aes(GDP_percap, Satisfaction))
# 写法8
p=ggplot(dat)
q=geom_point(aes(GDP_percap, Satisfaction))
p+q
```

　　写法 7 和写法 8 的效果与其他写法的效果完全相同。在这两种效果中，ggplot 语句并没有被加号直接连接起来，而是被赋值给变量。这种写法在语句较多或我们需要对语句进行搭配组合时会被用到。

二、参数设定

　　我们以 geom_point 为例来讲解图层参数的设定。

　　图层参数可分为两类，一类是放在 aes 里的参数，本书称其为 aes 参数；另一类是放在 aes 外的参数，本书称其为一般参数。color、fill 等参数既出现在 aes 里，又出现在一般参数里，但却在两类参数中发挥着不同作用，对此，我们将在本章第三节进行详细说明。现在，我们只介绍 geom_point 中较好理解的一般参数：

- data：绘制图表所使用的数据。它可以是 tbl_df 对象或 data.frame 对象；其中，后者更为常用，而前者是由 tibble 包生成的类似于 data.frame 对象的数据框。

- na.rm：处理缺失值的方法。无论它的值是 TRUE 还是 FALSE（默认），函数都会忽略包含缺失值的个案；只是，当其为 FALSE 时，函数会弹出警告。事实上，为防止出错，我们最好使用没有缺失值的数据。

- show.legend：是否添加图例。当其为 NA（默认）时函数会自动决定是否添加图例，当其为 TRUE 时图例肯定会出现，当其为 FALSE 时图例肯定不出现。

- mapping：用 aes 给出的映射。mapping=aes(...) 多会被直接写为 aes(...)。而 aes 里最常用的参数就是 x 和 y 参数。

- shape：以 0 至 25 的整数表示的点的形状，默认值为 19。如果你不知道每个数字代表的形状是什么，可以像下文那样把这些点都画出来查看。注意：以 21 至 25 表示的点均由两部分组成，一部分是核心，另一部分是轮廓。另外，我们还可以用 I() 的形式画出字符，括号里可以放一个字母、数字或汉字（见下文示例）。

- size：以数值表示的点的大小（面积，而非半径），默认值为 1.5。

- stroke：轮廓的粗细。当形状为 21 至 25 的数值时，点的大小取决于两点，一是核心部分的大小，以 size 表示；二是轮廓的粗细，以 stroke 表示，默认值为 0.5。

- colo(u)r、fill：当形状为 0 至 20 时，colo(u)r 决定点的颜色；当形状为 21 至 25 时，核点的颜色由 fill 决定，轮廓的颜色由 color 决定。

- alpha：点的颜色的透明度。注意：当点包含核心和轮廓时，alpha 将同时作用于这两者。

下面我们就来看几个使用上述参数的例子。

```
p=ggplot(dat)+labs(title="Life Satisfaction VS. GDP per capita")
p+geom_point(aes(GDP_percap, Satisfaction), size=5, color="red",
alpha=0.5, shape=8)
p+geom_point(aes(GDP_percap, Satisfaction), size=5, color=
rainbow(10))  # 图形属性值的长度要么为 1，要么与要画的图形的数量相等，否
则程序会报错。另外，假如数据有 n 行，其中 3 行包含缺失值，那么，若要给出多
个属性值的话，也不能仅给出 n-3 个值，而必须给出 n 个值（与缺失值对应的那个属
```

性值不会被用到）

```
p+geom_point(aes(GDP_percap, Satisfaction), size=10, color=
rainbow(10), shape=I("H")) # 以字符为点（图 2-1-1a）
p+geom_point(aes(GDP_percap, Satisfaction), shape=22, size=1: 10,
stroke=rep(3, 10), color="grey", fill="yellow")
ggplot()+geom_point(aes(x=0: 25, y=0: 25), size=4.5, shape=0: 25,
color="purple", fill="orange") # 查看所有可用形状（图 2-1-1b）
```

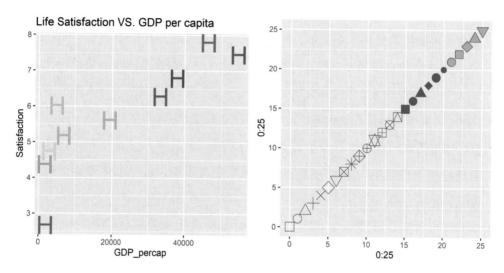

图 2-1-1　左=图 a 以字符为点，右=图 b 所有可用形状

要注意的是，alpha 参数会同时改变 color 和 fill 的透明度。（图 2-1-2a）因此，如果你只想改变两者之一，就要单独设置 alpha

```
p+geom_point(aes(GDP_percap, Satisfaction), shape=21, size=8,
stroke=3, alpha=seq(0.1, 1, length.out=10), color="red",
fill="blue")
```

如果只想改变 fill 的透明度而不改变 color 的透明度，就需使用 scales:: alpha 函数预先把 fill 的透明度设置好（图 2-1-2b）

```
new_blue=scales::alpha("blue", seq(0.1, 1, length.out=10))
p+geom_point(aes(GDP_percap, Satisfaction), shape=21, size=8,
stroke=3, color="red", fill=new_blue)
```

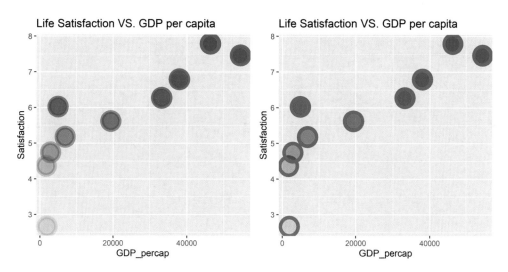

图 2-1-2 左 = 图 a 同时作用于 color 和 fill 的 alpha, 右 = 图 b 单独设置 fill 的 alpha

接下来, 我们要说明一般参数与 aes 参数的区别, 或者说, 在 aes 外与在 aes 里设置属性的区别。

```
mycolor=c("yellow", "yellow", "purple", "purple") # 假设我们要使用黄
色和紫色
ggplot()+geom_point(aes(1: 4, 1: 4), size=8, color=mycolor) # 写法
一, 把 color 放在 aes 外边, 按需要画出黄色和紫色点, 图例未出现 (图 2-1-3a)
ggplot()+geom_point(aes(1: 4, 1: 4, color=mycolor), size=8) # 写法二,
把 color 放在 aes 里边, 点没有变成黄色和紫色, 颜色由图例表示 (图 2-1-3b)
```

在第二种写法中, aes 并没有真的使用 "yellow" 和 "blue" 这两个颜色, 而是把它们看成代表两个类别的编号 (按字母顺序排列, "blue" 是第一类, "yellow" 是第二类), 并且把两种颜色 (默认颜色为 "#F8766D" 和 "#00BFC4", 下文会讲到如何更改) 分配给相应的点。一个也许更为重要的区别是, aes 参数会自动根据变量的取值来分配属性 (比如, 我们可以设置与数值成正比的透明度), 而一般参数只会根据数值在数据框中出现的位置, 来使属性跟数值对应起来 (比如, 出现在数据框中第一行的数据点使用透明度向量中的第一个值, 第二行的数据点使

41

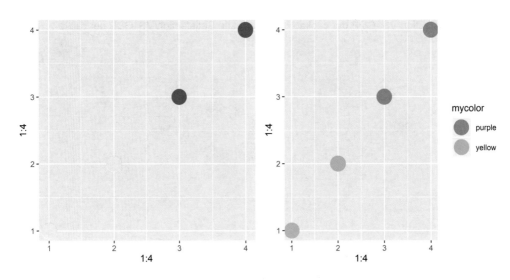

图 2-1-3　左 = 图 a color 在 aes 函数外，右 = 图 b color 在 aes 函数内

用第二个值，以此类推）。关于这两种写法的其他重要区别，我们将在第三节讲解 scale_*_* 系列函数时提及。

```
## 再看一个透明度的例子
myalpha=c(0.5, 0.7, 0.9)
ggplot()+geom_point(aes(x=1: 3, y=1: 3), size=8, color="red",
alpha=myalpha) # 使用指定的 alpha 值
ggplot()+geom_point(aes(x=1: 3, y=1: 3, size=8, color="red",
alpha=myalpha)) # 未使用指定值，而是把指定值转化到 0.1 至 1 的区间中


#==========
# 练习：使用不同饱和度
#==========
# 用本书第一章讲到的 hsv 函数画蓝色点，并使点的饱合度依 GDP_percap 的大小
在 0.2 到 0.6 之间变动
library(plothelper)
res=scale_free(dat$GDP_percap, left=0.2, right=0.6) # 把 GDP_percap
转移到 0.2 至 0.6 的值域中
```

```
co=hsv(h=2/3, # 蓝色在色盘 2/3 的位置
    s=res, # 使用我们生成的饱合度数值
    v=1
)
ggplot(dat)+geom_point(aes(GDP_percap, Satisfaction), size=8,
color=co)
```

```
#=========
# 练习：为点分配随机颜色
#=========
# 散点图可以用来生成幻灯片或海报的背景。下边我们来绘制一张类似达米恩·赫
```
斯特（Damien Hirst）的《派洛宁 Y》（Pyronin Y）的散点图（图 2-1-4）

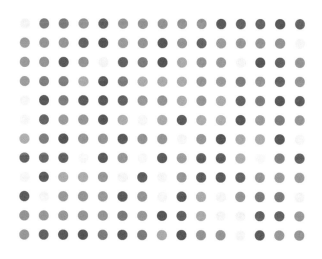

图 2-1-4　为点随机分配颜色

```
library(RColorBrewer) # 使用配色方案
nx=15 # 每行点数
ny=12 # 每列点数
all_color=brewer.pal(9, "Set1") # 在 RColorBrewer 中选择自己喜欢的配色
方案
xy=expand.grid(x=1: nx, y=1: ny) # 生成点的位置
```

```
set.seed(1); co=sample(all_color, nrow(xy), TRUE) # 设定随机种子并生
成多个随机颜色
ggplot(xy)+
    geom_point(aes(x, y), color=co, size=4)+
    theme_void()+theme(plot.background=element_rect(color=NA,
fill="white")) # 这里的 theme_void 和 theme 在后边关于主题设置的章节会讲到
```

第二节　折线图

　　用于绘制折线图的函数是 geom_path 和 geom_line。二者的区别在于，geom_line 会按照数据点在数据框中的位置来连线，即，先连接第一个和第二个点，再连线第二个和第三个点，因此，线条有可能折返。而 geom_line 则会先对数据点在 X 轴上的取值进行排序，并按顺序把点连接起来。例如，如果数据是按时间顺序收集的，并且也是按时间顺序从先到后放在数据框中的，那么我们用这两个函数中的哪一个都可以，但如果数据是按照被打乱的顺序放置的，我们就必须使用geom_line。

```
## 请通过以下这个例子观察 geom_path 和 geom_line 的区别
library(ggplot2)

ggplot()+geom_path(aes(x=c(3, 5, 1, 2, 4), y=c(10, 20, 30, 40, 50)))
ggplot()+geom_line(aes(x=c(3, 5, 1, 2, 4), y=c(10, 20, 30, 40, 50)))
```

　　下边来看 geom_path/line 有哪些一般参数。

- data、mappingp、na.rm、show.legend：请参阅 geom_point 的说明。
- linetype：线形，0= 不绘制，1= 实线（默认），2= 短横，3= 点状，4= 点加短横，5= 长横，6= 点加长横。另外，线形还可用单元长度表示，比如 linetype="31"，表示先画 3 个单位的线条，空 1 个单位；linetype="3141"，表示先画 3 个单位的线条，空 1 个单位，再画 4 个单位的线条，再空 1 个单位。具体用法见例子。

- color：线条颜色。一般情况下，每根线条使用一种颜色；但当 linetype=1 时，如果线条包含 n 个点并且有 n 个颜色被给出，则线条会带有渐变效果。见下文示例。

- alpha：线条透明度。与 color 相仿，同一线条每一部分的透明度也可不同。

- size：宽度，即线条的粗细，默认值为 0.5。

- lineend：线条两端的形状，可选择 "butt"（默认）、"round"、"square"，通常无需修改。

- linejoin：线条拐角处的形状，可选择 "mitre" 、"round"（默认）、"bevel"，通常无需修改。

- arrow：为线条加箭头。见下文示例。

- orientation：见第三章第一节关于 coord_flip 的内容。

在本例中，我们使用的数据为美国月度工业生产指数（Industrial Production Index，IP Index）。

```
dat=read.csv("ip small.csv", row.names=1) # 课件中的文件
# 注意：数据是按照时间顺序收集的，所以折线图的 X 轴应代表时间。但由于我们
尚未学习当变量为时间对象时的坐标轴画法，所以暂且使用序号来代表时间顺序，
也就是数据中的 id 一列
```

```
## 表面上看，我们直接使用 ggplot(dat)+geom_line(aes(x=ID, y=Value)) 绘
制折线图即可。但是这样画出来的折线图是没有意义的。这是因为，文件包含机械
领域、计算机和电子产品领域两方面的数据，分别用 Machinery 和 Computer 这两
个类别表示，因此我们必须为每一个类别绘制一条折线
# 我们先以 Area 为 Computer 的数据为例
comp=ggplot(dat[dat$Area=="Computer", ])+labs(title="Industrial
Production Index")
comp+geom_line(aes(ID, Value), linetype=2, color="red", alpha=0.5,
size=1.5) # 改变线形、颜色、透明度、粗细
```

comp+geom_line(aes(ID, Value), linetype="2141", size=1.5) # 用单位长度设定 linetype（图 2-2-1a）

comp+geom_line(aes(ID, Value), size=1.5, color=colorRampPalette(c("red", "blue"))(24)) # 线条包含 24 个数据点，因此要给出 24 个颜色（最后一个颜色不会被使用），才能产生渐变（图 2-2-1b）

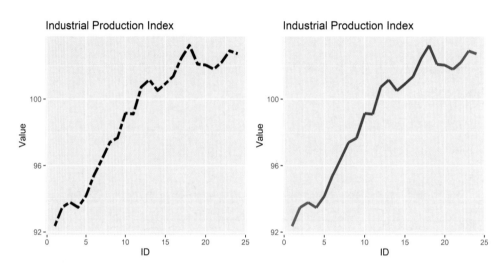

图 2-2-1　左 = 图 a 用单位长度设定 linetype，右 = 图 b 渐变线条

箭头的画法：arrow 参数应指向由 arrow 函数生成的对象。其中，angle 是箭头线与线段的夹角；length 是箭头线的长度（默认为 0.25，必须用 unit 函数设置）；ends 用于设定在哪里画箭头，可选择 "last"（默认）、"first"、"both"；type 用于设定形状，"closed" 为实心，"open" 为非实心

comp+geom_line(aes(ID, Value), arrow=arrow(angle=25, length=unit(0.20, "inches"), type="closed"))

那么，如何同时为两组数据作图呢？我们这时要用到 group 参数。

p=ggplot(dat)
用 group 参数指定分组。在本例中，Area 列指明了 Value 列的数值是属于 "Machinery" 领域还是属于 "Computer" 领域，因此我们用 group=Area 就可为这

两组数据分别画折线了

```
p+geom_line(aes(ID, Value, group=Area))
```

不过，这样画出来的两个线条在属性上没有区别，因此我们也许需要使用 color、linetype 等 aes 参数

```
p+geom_line(aes(ID, Value, color=Area)) # 每组颜色不同
p+geom_line(aes(ID, Value, linetype=Area)) # 每组线形不同
```

注意：这里用于分组的变量必须要么是 character 变量，要么是 factor 变量。那么，如果使用连续变量来分组会有什么不同呢？本章第三节会给出说明

用 color、linetype 等指向分组变量时，图例会自动显示；如果你不想画图例，可加上 show.legend=FALSE

```
#==========
# 练习
#==========
```

在需要同时画多组数据的情况下，以下几种方法的效果完全相同

方法一，用 group

```
p+geom_line(aes(ID, Value, group=Area))
```

方法二，把数据拆成两组，再使用两个图层（本章在后边会对复合图表进行讲解）

```
dat1=dat[dat$Area=="Computer", ]
dat2=dat[dat$Area=="Machinery", ]
ggplot()+
    geom_line(data=dat1, aes(ID, Value))+
    geom_line(data=dat2, aes(ID, Value))
```

方法三，在画图的时候使用索引

```
ggplot()+
    geom_line(data=dat[dat$Area=="Computer", ], aes(ID, Value))+
    geom_line(data=dat[dat$Area=="Machinery", ], aes(ID, Value))
```

第三节　scale_*_* 函数

一、散点图使用 scale_*_* 函数

设想，我们需要为 1000 个点分配颜色，用偏蓝色的点代表较小值，用偏红色的点代表较大值。此时，我们固然可以使用包含 1000 个颜色值的向量，但有时，此类操作过于烦琐。在这种情况下，我们可以使用 scale_*_* 系列的函数为图形自动分配属性。

```
library(ggplot2)

dat=read.csv("happy small.csv", row.names=1)  # 第一节使用过的满意度
数据

p=ggplot(dat)+labs(title="Life Satisfaction VS. GDP per capita")
## 我们现在希望根据 Y 值（也就是变量 Satisfaction）分配颜色，因此将 color
作为 aes 参数使用
p+geom_point(aes(GDP_percap, Satisfaction, color=Satisfaction),
size=5)
# 此时，各点根据数据的大小获取颜色，这等同于不加任何修改地使用了 scale_
color_continuous（亦可写为 scale_color_gradient）函数
p+geom_point(aes(GDP_percap, Satisfaction, color=Satisfaction),
size=5)+
    scale_color_continuous()

## 在上例中，被分配到各点的默认颜色为不同的蓝色。但是，也许我们需要的是
其他颜色，因此我们需要对 scale_color_continuous 进行修改。我们用 low 和
high 参数设定较小值接近绿色，较大值接近红色（图 2-3-1a）
p+geom_point(aes(GDP_percap, Satisfaction, color=Satisfaction),
size=5)+
    scale_color_continuous(low="green", high="red")
```

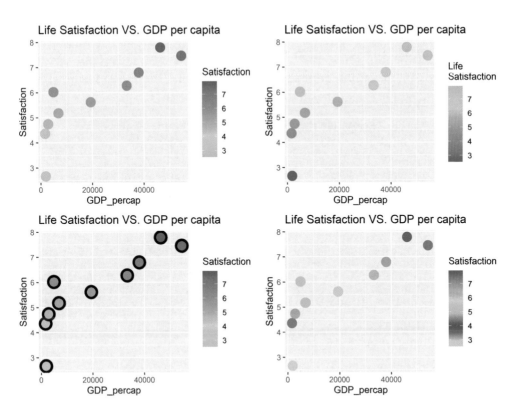

图 2-3-1　左上＝图 a 使用绿－红渐变色，右上＝图 b 使用红－绿渐变色，左下＝图 c 修
改填充色，右下＝图 d 指定两个以上颜色

当然，也可以反过来，设定较小值接近红色，较大值接近绿色；还可以用 name 参
数指定图例的标题（图 2-3-1b）

```
p+geom_point(aes(GDP_percap, Satisfaction, color=Satisfaction),
size=5)+
    scale_color_continuous(name="Life\nSatisfaction", low="red",
high="green")
```

实际上，我们可以根据任何变量来自动分配颜色。例如，我们可以根据 X 值分配
颜色，虽然这样做没什么实际意义

```
p+geom_point(aes(GDP_percap, Satisfaction, color=GDP_percap),
size=5)+
    scale_color_continuous(low="green", high="red")
```

如果要修改填充色，也就是点的核心的颜色，则使用 scale_fill_continuous，并将 fill 作为 aes 参数使用（图 2-3-1c）

```
p+geom_point(aes(GDP_percap, Satisfaction, fill=Satisfaction),
shape=21, size=5, stroke=2)+
    scale_fill_continuous(low="green", high="red")
```

当用于生成渐变效果的颜色多于两个时，需使用 scale_color/fill_gradientn 函数，其 colors 参数指向颜色向量（最小值对应的颜色在左边，最大值对应的颜色在右边）（图 2-3-1d）

```
p+geom_point(aes(GDP_percap, Satisfaction, color=Satisfaction),
size=5)+
    scale_color_gradientn(colors=c("cyan", "blue", "green",
"orange", "red"))
```

我们来总结一下 scale_color/fill_continuous/gradientn 的参数：

- name：图例的标题。
- low、high、colors：颜色。
- na.value：当用于分配颜色的变量为缺失值时使用的颜色，默认为 "grey50"。
- breaks：图例中标签所在的位置。在默认状态下，函数会自动计算。见以下示例。
- labels：图例中标签的内容。这个参数的长度必须与 breaks 的长度相等。见以下示例。

```
p+geom_point(aes(GDP_percap, Satisfaction, color=Satisfaction))
+
    scale_color_continuous(low="red", high="green", breaks=c(3, 6))
# 改变标签位置
p+geom_point(aes(GDP_percap, Satisfaction, color=Satisfaction))
+
    scale_color_continuous(low="red", high="green", breaks=c(3, 6),
```

labels=c("标签1", "标签2")) # 改变标签位置和内容

　　要强调的是，当我们用 scale_color/fill_continuous/gradientn 分配颜色时，用来分配颜色的变量必须是连续变量（正如函数名中的 "continuous" 所示），而不应是离散变量。在本例中，我们可以用 Satisfaction、GDP_percap 这两个连续变量；而使用 Level 这个离散变量分配颜色的方法，我们会在后边讲到。

　　接下来，我们再尝试自动分配透明度值和点的大小。此时，只要把 scale_color_continuous 改为 scale_alpha_continuous 和 scale_size_continuous，并改用相应的 aes 参数即可。另外，我们不再使用 low 和 high 参数，而是使用 range 参数确定最小和最大值。

```
## 用 scale_alpha_continuous 更改透明度
# alpha 的默认范围是 0.1 至 1
p+geom_point(aes(GDP_percap, Satisfaction, alpha=Satisfaction),
size=5, color="red")
# 改变 alpha 的范围
p+geom_point(aes(GDP_percap, Satisfaction, alpha=Satisfaction),
size=5, color="red")+
    scale_alpha_continuous(range=c(0.3, 0.8))


## 用 scale_size_continuous 改变点的大小
p+geom_point(aes(GDP_percap, Satisfaction, size=Satisfaction))+
    scale_size_continuous(range=c(1, 5))


## 还可同时修改多种图形属性（尽管多数情况下这样做并无必要）
p+geom_point(aes(GDP_percap, Satisfaction, color=Satisfaction,
fill=Satisfaction), shape=21, size=3, stroke=2)+
    scale_color_continuous(low="purple", high="yellow")+
    scale_fill_continuous(low="green", high="red")
```

接下来，我们再来看如何用 scale_color/fill/alpha/size_manual 函数以半手动的方式分配属性。

```
## 数据中的 Level 变量标出了各国的满意度分数水平，我们现在依此分类手动分
配颜色
p+geom_point(aes(GDP_percap, Satisfaction, color=Level), size=5)
+scale_color_manual(values=c("red", "blue", "orange"))
```

这个函数分配颜色的方法是这样的：Level 变量的取值，按字母顺序排列，是 "high"、"low"、"medium"，因此按字母顺序排在第一位的 "high" 得到的颜色是排在第一位的颜色 "red"，按字母顺序排在第二位的 "low" 得到的颜色是排在第二位的颜色 "orange"。不过接下来，我们要以更为直接的方式确定每个类别所得到的颜色。

```
p+geom_point(aes(GDP_percap, Satisfaction, color=Level), size=5)
+scale_color_manual(values=c("Low"="blue", "Medium"="orange",
"High"="red")) # 此时在 values 参数中，我们不但要写颜色值，而且要在等号
前边标明类别名称
```

```
## 下面尝试用 scale_shape_manual 修改点的形状
p+geom_point(aes(GDP_percap, Satisfaction, shape=Level), size=5)
+
    scale_shape_manual(values=c("Low"=15, "Medium"=16, "High"=
17))
```

当用于分配属性的变量是连续变量时，我们也可以用这种名称加引号的方式直接为每一个取值确定属性——不过，考虑到连续变量会有很多取值，我们通常并不会这样做。要强调的是，scale_*_manual 仅用于离散变量，所以即使它所对应的变量原本是连续变量，我们也必须先把它转为因子变量再使用。下例数据包含了并无实际意义的一列数值，我们以此进行简单示范。

```
s=rep(1: 3, length.out=10)
dat_extra=cbind(dat, s)
ggplot(dat_extra)+
    geom_point(aes(GDP_percap, Satisfaction, color=factor(s)),
size=5)+ # 务必将连续变量 s 转为离散变量
    scale_color_manual(values=c("1"="purple", "2"="orangered",
 "3"="green"))
```

对于 alpha、size，也必须先把用于分配属性的连续变量转为离散变量，故以下例子中亦使用 factor(s)，而不能直接使用 s

```
ggplot(dat_extra)+
    geom_point(aes(GDP_percap, Satisfaction, alpha=factor(s)),
color="red", size=5)+
    scale_alpha_manual(values=c("1"=0.3, "2"=0.6, "3"=1))
```

ggplot 自带为离散变量分配间隔均等颜色的 scale_color/fill_hue 函数，这个函数使用的是 HCL 颜色系统

```
ggplot(dat_extra)+
    geom_point(aes(GDP_percap, Satisfaction, color=factor(s)),
size=5)+
    scale_color_hue()
```

这里要回答一个问题，是否能够不使用 scale_*_* 函数？答案：可以不使用，只是还需要单独设定属性。

以下两种写法的效果是完全相同的：

```
# 写法 1，使用 scale_*_*
ggplot(dat_extra)+
    geom_point(show.legend=FALSE, aes(GDP_percap, Satisfaction,
color=factor(s), fill=Satisfaction, alpha=Satisfaction, size=
Satisfaction), shape=21)+
```

```
    scale_color_manual(values=c("1"="red", "2"="green", "3"=
"purple"))+
    scale_fill_continuous(low="blue", high="yellow")+
    scale_alpha_continuous(range=c(0.5, 0.9))+
    scale_size_continuous(range=c(2, 5))
```

写法 2，不使用 scale_*_*，而是预先生成属性
```
library(scales)
mycolor=ifelse(s==1, "red", ifelse(s==2, "green", "purple"))
myfill=col_numeric(c("blue", "yellow"), domain=range(dat_
extra$Satisfaction))(dat_extra$Satisfaction) # col_numeric 的用法请
```
参考第一章讲解颜色的部分
```
myalpha=rescale(dat_extra$Satisfaction, to=c(0.5, 0.9))
mysize=rescale(sqrt(rescale(dat$Satisfaction)), to=c(2, 5)) # 开方。
```
相当于 scales::area_pal(range=c(2, 5))(rescale(dat$Satisfaction)) #
注意：手动设置 size 的方法不同于手动设置 alpha 的方法。设置 size 的过程多了
一个开方的步骤
```
ggplot(dat_extra)+
    geom_point(aes(GDP_percap, Satisfaction), shape=21,
color=mycolor, fill=myfill, alpha=myalpha, size=mysize)
```

写法 3，使用 scale_*_identity 将数据框中的值直接设为属性值
```
dat_extra=data.frame(dat_extra, mycolor, myfill, myalpha,
size=mysize)
ggplot(dat_extra)+
geom_point(show.legend=FALSE, aes(GDP_percap, Satisfaction, color=
mycolor, fill=myfill, alpha=myalpha, size=mysize), shape=21)+
scale_color_identity()+scale_fill_identity()+scale_alpha_identity
()+scale_size_identity()
```

另一个问题是，分配属性时使用连续变量与使用离散变量有何不同？请看以

下例子：

```
# 写法 1
ggplot(dat_extra)+geom_point(aes(GDP_percap, Satisfaction, color=s),
size=5)
# 写法 2
ggplot(dat_extra)+geom_point(aes(GDP_percap, Satisfaction,
color=factor(s)), size=5)
```

在写法 1 中，color 指向连续变量的 s，因此程序会自动使用根据连续变量来分配颜色的 scale_color_continuous，因此点的颜色是渐变的多个颜色；而在写法 2 中，color 指向离散变量 factor(s)，因此程序会自动使用根据离散变量分配颜色的 scale_color_hue

要强调的是，对 scale_*_continuous 和 scale_*_discrete 的使用取决于图形属性。请看以下例子：

```
# ggplot(dat_extra)+geom_point(aes(GDP_percap, Satisfaction,
shape=s))+scale_shape_continuous()
```

Error: A continuous variable can not be mapped to shape. # 点的形状等属性只能由离散变量决定，若使用 scale_*_continuous 则会报错

```
ggplot(dat_extra)+geom_point(aes(GDP_percap, Satisfaction,
alpha=s))+scale_alpha_continuous()
ggplot(dat_extra)+geom_point(aes(GDP_percap, Satisfaction,
alpha=factor(s)))+scale_alpha_discrete()
```

Warning message: Using alpha for a discrete variable is not advised. # 透明度本身是连续值，因此用于分配属性的变量也应该是连续变量；但事实上，我们有时也确实会用离散变量进行分配，只是这样做会使警告弹出

由以上例子可知，scale_*_* 系列的函数可以修改的图形属性有 color/fill、alpha、size、shape、linetype 等。具体来看，scale_*_manual 可用于分配所有属性；size、alpha 则可以用 scale_*_continuous 和 scale_*_discrete 来分配，只不过使用后者时会有警告弹出；shape 和 linetype 则不能用 scale_*_continuous 分配；color/fill

既可以用连续变量来分配，也可以用离散变量来分配。

```
#=========
# 练习：存在一个以上 scale_fill/color_* 的情况
#=========
# 代码中的 scale_color_* 会对所有包含 aes(color=...) 的图层的颜色进行分
配。但是，如果我们要求不同图层有不同分配方式的话，就要用到 ggnewscale 包
中的 new_scale 函数
# install.packages("ggnewscale")
library(ggnewscale)
ggplot()+
    geom_point(aes(1: 10, 1: 10, color=1: 10))+
    scale_color_continuous(low="red", high="blue")+
    new_scale(new_aes="color")+
    geom_point(aes(1: 10, 0, color=1: 10))+
    scale_color_continuous(low="green", high="purple")
# 我们在两个图层之间加了 new_scale 函数。这样一来，在它之上和在它之下的
两个图层，就可以拥有不同的渐变方式了。不过，目前 new_scale 函数只支持对
scale_color_* 和 scale_fill_* 的作用范围进行划分，因此，参数 new_aes 的值
只能是 "color" 或 "fill"
```

二、折线图使用 scale_*_* 函数

将 scale_*_* 函数用于折线图与用于散点图相仿，在此我们仅举若干例子。我
们以 ip_big.csv 文件中五个工业领域的工业生产指数为例。

```
dat=read.csv("ip big.csv", row.names=1) # 课件中的文件

p=ggplot(dat)

p+geom_line(aes(ID, Value, color=Area), size=1)+
```

```
    scale_color_manual(values=rainbow(5)) # 线条颜色

p+geom_line(aes(ID, Value, color=Area), size=1)+
    scale_color_manual(values=c("Machinery"="red", "Computer"=
"yellow", "Furniture"="green", "Motor"="blue", "Metal"="purple")) #
明确指定颜色

p+geom_line(aes(ID, Value, linetype=Area), size=1)+
    scale_linetype_manual(values=c("Machinery"=1, "Computer"=2,
"Furniture"=3, "Motor"=4, "Metal"=5)) # 指定线形。注意：可用的线形只有
六种

p+geom_line(aes(ID, Value, size=Area))+
    scale_size_manual(values=seq(0.5, 2, length.out=5)) # 线条粗细

p+geom_line(aes(ID, Value, color=Area, linetype=Area), size=1)+
    scale_color_manual(values=rainbow(5))+
    scale_linetype_manual(values=c("Machinery"=1, "Computer"=2,
"Furniture"=3, "Motor"=4, "Metal"=5)) # 颜色＋线形


#=========
# 练习：使用 HCL 配色方案
#=========
# 第一章曾提到，R 包含多个 HCL 配色方案，那么怎样才能使用这些配色方案呢？
虽然 colorspace 包提供了形如 scale_color_continuous_diverging 的若干函
数，但这些函数的参数设置比较复杂，所以我们下面来看看如何手动使用配色方案
dat=read.csv("happy small.csv", row.names=1) # 课件中的文件
vi=hcl.colors(n=10, palette="Viridis") # 从名为 "Viridis" 的配色方案中
提取颜色。如有需要，可用 rev 函数颠倒颜色的顺序


# 接下来，可使用两种方法分配颜色
```

```
# 方法1：用 scale_color_gradientn 自动分配颜色
ggplot(dat)+geom_point(aes(GDP_percap, Satisfaction, color=
Satisfaction), size=5)+scale_color_gradientn(colors=vi)
# 方法2：先用 gradient_n_pal 分配颜色，再传给 color 参数
f=scales::gradient_n_pal(vi)
mycolor=f(scales::rescale(dat$Satisfaction))
ggplot(dat)+geom_point(aes(GDP_percap, Satisfaction), size=5,
color=mycolor)
```

让我们来汇总一下 scale_*_* 函数，方便以后查询：

- 调整颜色（常用）：scale_colo(u)r/fill_continuous/gradient/gradientn/manual
- 调整颜色（不常用）：scale_colo(u)r/fill_hue/discrete/brewer/grey/gradient2
- 调整大小或透明度：scale_size/alpha_continuous/discrete/manual
- 调整点的形状或线形：scale_shape/linetype_discrete/manual

第四节　复合图表

复合图表是指包含多个图层的图表。同一个图表中的若干图层可能是同一类型的图层（例如，都是散点图），但可能是不同类型的图层（例如，一个折线图，一个散点图）。在 ggplot 系统中，我们只需把不同图层用加号连接起来就可画出复合图表了。

```
library(ggplot2)

dat=read.csv("ip small.csv", row.names=1) # 课件中的文件

## 画一条附加散点的折线
ggplot(dat)+
    geom_line(aes(ID, Value, group=Area))+
    geom_point(aes(ID, Value, color=Area), size=3)
```

```
## 数据分成两半，一组画折线，一组画散点
ggplot()+
    geom_line(data=dat[dat$Area=="Machinery", ], aes(ID, Value),
size=2, color="royalblue1")+
    geom_point(data=dat[dat$Area=="Computer", ], aes(ID, Value),
size=3, color="orange")


## 画两条渐变折线（图 2-4-1a）
co_1=colorRampPalette(c("green", "cyan"))(24)
co_2=colorRampPalette(c("purple", "orange"))(24)
ggplot()+
    geom_line(data=dat[dat$Area=="Machinery", ], aes(ID, Value),
size=2, color=co_1)+
    geom_line(data=dat[dat$Area=="Computer", ], aes(ID, Value),
size=2, color=co_2)


## 图层的顺序：先写在代码里的图层会被放在底层，并被后面的图层覆盖
# 比如，如果要画较大点加较小点的话，就必须先画较大点；否则它会把较小点遮
住（图 2-4-1b）
ggplot(dat)+
    geom_line(aes(ID, Value, color=Area), size=2)+
    geom_point(aes(ID, Value), color="royalblue1", shape=17, size=6)+
# 先画较大点
    geom_point(aes(ID, Value), color="orange", size=3) # 再画较小点
```

　　接下来我们再尝试把条形图、折线图和散点图三个图层结合起来——当然，
这样做仅是出于示范目的，在实际作图工作中，我们一般不会同时用三个图层来
表示一个变量。

　　绘制条形图的函数为 geom_bar，后面的章节会详细介绍它的参数设置，在此
我们只要了解它的基本用法即可。

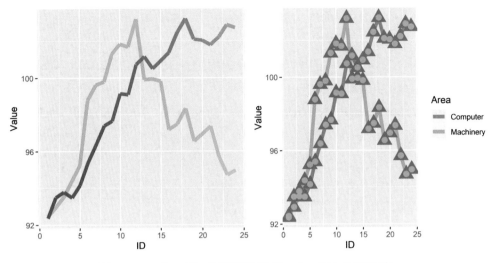

图 2-4-1　左 = 图 a 两条渐变折线，右 = 图 b 图层顺序

本例使用的数据为按月统计的美国轻质原油价格，我们用图表呈现每年的均值。

```
dat=read.csv("wti.csv", row.names=1) # 课件中的文件
```

```
dat=tapply(dat$Price, INDEX=list(dat$Year), mean) # 按年份求均值
dat=data.frame(Year=as.numeric(as.character(names(dat))), Mean=as.
numeric(dat))
```

\# 在 geom_bar 中，x 为类别（数值、字符或因子）。y 为频数，即条形的高度（此时务必如下例所示添加 stat="identity"）。fill 为填充色（更改轮廓的颜色需用 color）。width 为宽度。关于 geom_bar 中的 orientation 参数，参见第三章第一节关于 coord_flip 的内容

```
ggplot(dat)+
    geom_bar(aes(x=Year, y=Mean), stat="identity", fill="khaki3",
width=0.8)+
    geom_line(aes(Year, Mean), size=1.5)+
    geom_point(aes(Year, Mean), size=4)
```

第三章　附属元素及图片的保存

在继续介绍更多图表之前，我们先暂停一下，来看看如何对坐标轴、图例、网格线、背景等图表附属元素进行修改。此外，本章还将介绍保存图片的方法。

第一节　坐标轴和坐标系

在 ggplot 系统中，用于调整坐标轴和坐标系的函数有三类，第一类是 scale_x/y_* 函数，第二类是 coord_* 函数，第三类是 x/ylim、labs 等方便函数。

一．scale_x/y_* 函数

如函数名称所示，scale_x/y_* 中的 "x" 和 "y" 用于指明是对 X 轴还是 Y 轴进行调整，而 "*" 则指明坐标轴的类型及调整方法。我们下面将进行详细说明。

1. scale_x/y_continuous

当与坐标轴对应的数据是连续变量时，我们用 scale_x/y_continous 对坐标轴进行调整。本例使用的数据集为 cpi1718.csv，它记录了 2017 和 2018 年中国各月的 CPI 数值。

```
library(ggplot2)

dat=read.csv("cpi1718.csv", row.names=1) # 课件中的文件

p=ggplot(dat)+geom_line(aes(1: 24, CPI), size=1)  # 因为数据包含 24 个
数据点，所以我们暂且把 X 值定为 1 至 24 的整数

p+scale_x_continuous(name="DATE", breaks=c(1, 5, 11), labels=c
("1", "60", "Here is 800"), minor_breaks=c(20.5, 21.5))
```

```
p+scale_y_continuous(position="right")+scale_x_continuous
(limits=c(-3, 28), breaks=c(-10, 0, 30))
p+scale_y_continuous(expand=expansion(mult=c(0.02, 0.05), add=c(3,
4)))
```

我们来解释一下各参数的含义：

- name：坐标轴的标题。

- position：坐标轴的位置。X 轴默认为 "bottom"，可改为 "top"，Y 轴默认为 "left"，可改为 "right"。

- limits：坐标轴值域。本例中，与 X 轴相对应的数据的最小值是 1，最大值是 24，但我们仍可以将值域改为 -3 至 8。ggplot 会完全删去超出坐标轴值域的图形，并弹出警告。

- breaks：添加主要网格线（与坐标轴上的标签相对应的白色线条）和坐标轴刻度线的位置。如果不进行修改，ggplot 会自动寻找合适的位置。当设为 NULL 时，所有位置都将被取消。

- labels：在由 breaks 指定的位置添加标签的内容，其长度要与 breaks 的长度相等。如不需要标签，可将其设为 NULL。注意：标签的位置与内容无需相符，比如，在本例中，用 breaks 指定的位置是 1、5、11，但用 labels 指定的标签则并非是这几个数值。另外，超出了由 limits 指定的值域的标签也不会显示出来，比如，在本例中，limits 的值为 -3 至 28，因此在 -10 和 30 这两个位置的标签就不会显示出来。使用 labels 参数的另一种方法是让它指向一个可对默认标签进行加工的函数。

- minor_breaks：添加次要网格线（即下方没有坐标轴标签的白色线条）的位置。如不需要次要网格线，可将其设为 NULL。在默认情况下，ggplot 首先确定主要网格线的位置，然后在主要网格线之间添加次要网格线，但我们同样可以对此进行修改。

- expand：坐标轴向左右或上下扩展的程度。这个参数的值必须是一个由 expansion 指定的值，其默认值为 expansion(mult=0.05)（对连续变量）或

expansion(add=0.6)（对离散变量），其中 mult 参数的前后两个值决定向左边和右边（或下边和上边）扩展的倍数，add 参数决定在扩展之后直接添加的值。若参数只有一个值，会自动变为两个值。在本例中，Y 轴值域若按 Y 值的最小值和最大值来算的话，理应是 103 至 106.8，Y 轴最下方和最上方的距离是 106.8-103=3.8。但我们设定了 expand=expansion(mult=c(0.02, 0.05), add=c(3, 4))，因此 Y 轴下方会扩展至 103-3.8*0.02-3=99.924，上方会扩展至 106.8+3.8*0.05+4=110.99。显然，如果不希望坐标轴扩展的话，只要认定 expand=expansion(0) 即可。

- trans：调整数值的方法。默认值为 "identity"，即不作调整。常用选项有 "log"（自然对数）、"log2"（以 2 为底的对数）、"log10"（以 10 为底的对数）、"sqrt"（开方）等。见以下例子。

- guide：参数值需由 guide_axis 函数生成。见以下例子。

```
## 用 trans="log10" 来呈现差异很大的数值
big=data.frame(x=1: 6, y=c(1, 2, 3, 200, 1022, 50000))
ggplot(big)+geom_point(aes(x, y))+
    scale_y_continuous(trans="log10", breaks=big$y)
# 在本例中，与 Y 轴对应的数值之间的差异被放大，这是因为图表使用的不是原始
数值，而是以 10 为底的对数
p+scale_x_continuous(guide=guide_axis(n.dodge=2, angle=30))
# n.dodge 用于设置标签行数（默认值为 1），有助于摆放多个较长的标签。
angle 为标签旋转角度，类似于本章第三节将提及的 axis.text=element_
text(angle=...)，但差异在于，前者会自动选择美观的对齐方式
```

2. scale_x/y_discrete

当数据为离散变量（例如，条形图中用于划分类别的变量）时，修改坐标轴需使用 scale_x/y_discrete 函数。让我们以世界各地专利授权数据为例进行讲解。

```
dat=read.csv("patents6.csv", row.names=1) # 课件中的文件
```

```
v=dat$Count
lab=dat$Area
p=ggplot()+geom_bar(aes(x=lab, y=v), stat="identity", fill=
"firebrick")
```

有时标签上的数字会以科学计数法的形式出现，但这并不是我们想要的。解决方法是把 options(scipen=...) 调整为一个较大的数

```
options(scipen=10) # 此时再作图，标签就是正常的 200000、400000……了
```

```
p+scale_x_discrete(name=" 离 散 坐 标 ", breaks=c(" 非 州 ", " 亚 洲 "),
labels=c("Africa", "Asia")) # 在选定的位置标注经修改的标签
p+scale_x_discrete(limits=c(" 非州 ", " 亚洲 ", " 大洋洲 ")) # 仅显示选中
```

的数据点，此时会弹出警告

```
p+scale_x_discrete(expand=expansion(mult=0.5)) # 本例包含 6 个数据点，
```

我们可视其为占据了 X 轴上 1 至 6 的位置，最大值与最小值的距离是 6-1=5，因此，如果设置 expansion(mult=0.5) 的话，那么左边将延伸到 1-5*0.5=-1.5，右边延伸至 6+5*0.5=8.5

```
ggplot()+geom_point(aes(x=lab, y=v), size=5) # 当然，除了条形图外，散
```

点图也可使用离散变量

3. scale_x/y_date/datetime

　　如果变量为日期 / 时间对象（例如，折线图中与 X 轴对应的变量），我们有两种绘制方法：第一种方法是用 1 至 n（n 为数据点的个数）的整数来代替数值，第二种方法是将日期 / 时间对象映射到图表中。

　　我们以上文中使用过的 CPI 数据为例。

```
dat=read.csv("cpi1718.csv", row.names=1)
```

```
dat$Date=as.Date(dat$Date)
```

```
## 对标签进行一些调整（我们在第一章介绍了调整日期显示方式的代码）
lab=dat$Date
lab=seq(lab[1], lab[length(lab)], by="3 month")
lab_text=format(lab, format="%y 年 \n%b")
ggplot(dat)+geom_line(aes(Date, CPI), size=1)+
    scale_x_date(name="Month", breaks=lab, labels=lab_text,
expand=expansion(add=30)) # 用 expand 增加显示的天数
```

```
## scale_x/y_dateime 的使用方法与 scale_x/y_date 相仿；只不过，为了防止
标签挤在一起，我们得对文字进行更多调整
x=as.POSIXct("2019-08-08 12:00:00")+3600*(0: 23)
n=length(x)
mybreak=x[seq(1, n, 4)]
mylab=format(mybreak, format="%e 日 \n%H 时 %M 分 ")
ggplot()+geom_point(aes(x, 1: n), size=3)+
    scale_x_datetime(name="Time", breaks=mybreak, labels=mylab)
```

4. 获取美观的标签

坐标轴上每个标签与其两边的标签之间的间隔都是相等的。但我们会发现，这个间隔并不是随意计算出来的，而通常是 1、2、5、10、100 等数值的倍数。以此方式添加的标签会使坐标轴较为美观，我们通常亦无需对其进行修改。但有时，我们要么需要获取坐标轴标签以及相应的位置，要么自己生成一系列标签和位置。

```
library(plothelper)
```

```
dat=read.csv("cpi1718.csv", row.names=1)
```

```
## 用 plothelper 包中的 get_gg_label 函数可以获取 gg 对象的坐标轴信息
p=ggplot(dat)+geom_line(aes(1: nrow(dat), CPI), size=1) # 此图 X 轴标
签均是 5 的倍数，Y 轴标签均是 1 的倍数
```

```
mylab=get_gg_label(a=p)
# get_gg_label 的结果是一个包含五项的列表: $min 和 $max 为坐标轴的范围;
$label 为标签; $position 为加标签的位置, 也就是画主网格线的位置; $all 是
画所有网格线的位置
mylab=get_gg_label(a=p, axis="x") # 设 axis="x", 则查看 X 轴的情况
# 以下两种写法会得到相同的结果, 一是给出一个向量, 二是给出最小值和最大值,
同时还可用 mult 和 add 参数模仿 expansion 的效果
get_gg_label(v=dat$CPI, mult=0.05)
get_gg_label(a=min(dat$CPI), b=max(dat$CPI), mult=0.05)
```

我们也可以直接用 pretty 生成标签位置

```
mylab=pretty(x=dat$CPI, n=5, min.n=2)
# [1] 103 104 105 106 107
# x 参数是与坐标轴对应的向量, n 为预期标签数量, min.n 为当无法生成 n 个标签
时至少生成多少个标签, 默认值为 n %/% 3 的结果
```

二、coord_* 函数

如果我们要对整个坐标系进行调整, 就要用到 coord_* 系列函数。不过, 在画一个图表的过程中, 我们只能使用一次 coord_* 函数进行设置, 否则, 后边的设置会取代前边的设置。

coord_* 函数的参数大多是相同的, 包括:

- xlim、ylim: 坐标轴值域。但它们实际效果与 scale_x/y_* 中 limits 的效果并不相同。请看以下示例。
- expand: 是否扩展坐标轴值域。这个参数的可选项为 TRUE (默认) 和 FALSE, 而不像 scale_x/y_* 中的 expand 那样必须被赋予一个由 expansion 设定的值。
- clip: 是否允许将图形画在超出面板的地方。默认值为 "on", 可改为 "off"。请看以下示例。

1. coord_cartesian：对坐标系进行设置

```
dat=read.csv("patents6.csv", row.names=1)  # 使用上文提到过的专利授权
数据
```

```
v=dat$Count
lab=dat$Area
p=ggplot()+geom_bar(aes(x=lab, y=v), stat="identity", fill=
"firebrick")
```

对条形图的 Y 轴进行调整：首先，ggplot 并不会把条形图 Y 轴上的最小值设为 0，所以如有必要，我们可以在此手动设置，其次，我们希望 Y 轴最高点略高于数据的最大值，故在此让最大值乘以 1.1；另外，既然我们已经设置好了坐标轴，当然不希望它再自动扩展，所以把 expand 设为 FALSE

```
p+coord_cartesian(ylim=c(0, max(v)*1.1), expand=FALSE)
```

将 clip 设为 "off" 的作用之一是为图片加水印（后边的章节会介绍本例中 theme 和 geom_text 的用法）

```
p+geom_text(aes(x=3.5, y=c(200000, 600000), label="这是水印"),
angle=45, color="grey75", size=25)+
    theme(plot.margin=unit(rep(10, 4), "mm"))+
    coord_cartesian(clip="off")
```

务必注意以下两种设置坐标轴值域方法的差异

```
p+coord_cartesian(ylim=c(0, 200000))  # 此时，有两个柱子超过了 200000，
```
但它们未超值域的部分仍会显示
```
p+scale_y_continuous(limits=c(0, 200000))  # 此时，那些有一部分超出了
```
值域的图形根本不会出现在图表中

2. coord_flip：翻转 X 轴和 Y 轴

```
p+coord_flip()  # 垂直条形图变为水平条形图
```

p+coord_flip(ylim=c(0, max(v)*1.1), expand=FALSE) # coord_flip 中的 xlim 和 ylim 所调整的是翻转前的 X 轴和 Y 轴

orientation 参数

以下例子没有使用 coord_flip，但却同样达到了翻转坐标轴的目的。注意：此处有两处修改。第一，我们设置 orientation="y"，第二，我们用 aes(x=v, y=lab) 代替了 aes(x=lab, y=v)

ggplot()+geom_bar(aes(x=v, y=lab), stat="identity", fill="firebrick", orientation="y")

orientation 的取值为 "x"（默认）或 "y"。实际上，除 geom_bar 之外，geom_line 以及后文要介绍的 geom_ribbon、geom_area、geom_smooth 函数都使用这个参数

3. coord_polar：使用极坐标系

极坐标系可以被视为有着环状坐标轴的坐标系。与以上 coord_* 函数不同，coord_polar 没有 xlim、ylim 和 expand 参数。theta 用以决定将哪个坐标轴变为环形，默认值为 "x"，可改为 "y"；start 用以设定起始点，默认值为 0，即钟表表盘 12 点钟位置，3.14 为 6 点钟位置；direction 为旋转方向，1 为顺时针（默认），−1 为逆时针。

p+coord_polar() # 玫瑰图
p+coord_polar(start=1.57) # 将起始点改为 3 点钟方向

4. coord_fixed：固定代表单位长度的线段长度比

dat=read.csv("cpi1718.csv", row.names=1) # 以上文提到的 CPI 数据为例

p=ggplot(dat)+geom_line(aes(1: 24, CPI))

R 会根据窗口的比例，自动调整代表单位长度的线段长度比，进而确定图表的高宽比。在本例中，假如要求坐标轴不进行扩展，X 轴使用的是 1 至 24 的数值，

跨度为 23，Y 轴使用 103 至 106.8 的数值，跨度为 3.8；但即便如此，读者看到的 X 轴和 Y 轴在长度上并不会差太多，这是因为 R 进行了自动调整。如果不进行这一调整，X 轴的长度将是 Y 轴的 6 倍多，我们将会得到一个扁平的图表，而这并不是我们想要的。可见，自动调整高宽比的功能，有助于我们得到理想的图表。但有时，我们却不希望 R 进行自动调整，比如，在我们画圆形时，如果 R 作了调整，那么显示出来的就可能是个椭圆。

我们可以用 coord_fixed 函数来取消自动调整功能并确定高宽比。参数 ratio 的默认值为 1，其含义是：设窗口中用于显示 X 轴上一个单位长度的线段长度是 a，用于显示 Y 轴上一个单位长度的线段长度是 b，则 ratio=b/a。不过要强调的是，这里的所谓高宽比，只是面板部分（即 ggplot 图表中的灰色矩形）的高宽比；而完整的图表还包含坐标轴、图例等附属元素，不受此高宽比限制。

```
p+coord_fixed() # 此时显示的将是一个虽然宽和高会随窗口变化，但是高宽比却
不相应改变的扁平图表


## 以画正方形为例（本例用到的 geom_polygon 在后边的章节会讲到）
q=ggplot()+geom_polygon(aes(x=c(0, 1, 1, 0), y=c(0, 0, 1, 1))) # 此时
我们看到的，可能是也可能不是正方形，图表高宽比会随窗口大小的改变而改变
q+coord_fixed() # 采用默认值，即 ratio=1，此时无论我们怎样改变窗口，正方
形都可以正常显示
q+coord_fixed(0.5) # 此时无论怎样改变窗口，正方形左右两边的长度都只会显
示为上下两边长度的二分之一


## 既需固定高宽比，又要用 coord_flip 翻转坐标轴的情况：此时不能同时使用两
个 coord_fixed 和 coord_flip，而只能使用 theme(aspect.ratio=...) 的设置
方法。不过，coord_fixed 与 theme(aspect.ratio=...) 的调整机制是不同的，
后者并不调整代表单位长度的线段长度比，而是直接确定面板区域的高宽比
xy=data.frame(x=letters[1: 10], y=1: 10) # 假设我们现在需要画一个 X 轴
长度是 Y 轴长度 2 倍的条形图
```

```
r=ggplot(xy)+geom_bar(aes(x=x, y=y), stat="identity", fill=
"firebrick")
r+coord_flip(expand=FALSE) # 翻转坐标轴，但未固定高宽比
r+coord_fixed(2, expand=FALSE) # 固定高宽比，但未翻转坐标轴
r+coord_flip(expand=FALSE)+theme(aspect.ratio=2) # 同时产生两种效果
```

三、方便函数

```
dat=read.csv("cpi1718.csv", row.names=1)


p=ggplot(dat)+geom_line(aes(1: 24, CPI), size=1)


## 用 labs 添加各种标题性文字（图 3-1-1）
p+labs(title=" 标题 ", subtitle=" 副标题 ", caption=" 注释（通常用来标出
数据来源）", tag=" 标记 \n 例如 \nFigure  1", x="X 轴标题 ", y="Y 轴标题
")+theme(title=element_text(size=20))
```

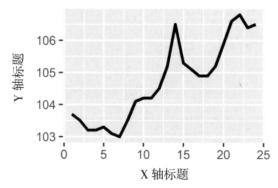

图 3-1-1　标题性文字

用 x/ylim 调整坐标轴范围

```
p+xlim(-2, 30)+ylim(100, 110)
p+xlim(-2, 30)+ylim(100, NA)  # 只设置坐标轴的一端，另一端设为 NA，以便
```
让函数自行设定

注意：x/ylim、scale_x/y_* 和 coord_* 这三类函数都可以调整坐标系范围，作图时不要重复使用。x/ylim 和 scale_x/y_* 在调整坐标轴值域时效果是一样的，超出值域的图形将被完全删除

四、颠倒坐标轴、双坐标轴

在实际作图任务中，绘制双坐标轴通常没有实际意义，故在此仅作简单说明。

```
p=ggplot()+geom_point(aes(1: 5, 1: 5))
p+scale_x_continuous(sec.axis=dup_axis())  # 默认状态下，两条坐标轴完
```
全相同
```
p+scale_x_continuous(name="first", sec.axis=dup_axis(name=
"second", breaks=c(2, 4)))  # 可单独对每个坐标轴进行设置，dup_axis 函数
```
的参数跟 scale_x/y_* 相同

颠倒坐标轴的用途包括，在散点图中让较大值显示在左边，并让较小值显示在右边；在条形图中让矩形从上往下伸展等等。本章第三节提供了一个颠倒 Y 轴的图表示例。

第二节　图例

本节讲述在 scale_*_* 系列函数中设置图例的方法，与图例相关的其他设置将在介绍 theme 函数时提及。

```
library(ggplot2)

dat=read.csv("ip small.csv", row.names=1)  # 前边的章节曾经使用过的工
```

业生产指数数据

```
p=ggplot(data=dat, aes(x=ID, y=Value, group=Area))

## 不对图例进行设置时，有几个属性待分配，就会生成几个图例
p+geom_point(aes(color=Area, alpha=Value), size=5)+
    scale_color_manual(values=c("Computer"="red", "Machinery"=
"blue"))

## 用 show.legend 去掉本图层的所有图例
p+geom_point(show.legend=FALSE, aes(color=Area, alpha=Value),
size=5)+
    scale_color_manual(values=c("Computer"="red", "Machinery"=
"blue"))

## 去掉单独一个图例，用 scale_*_*(guide="none")
p+geom_point(aes(color=Area, alpha=Value), size=5)+
    scale_color_manual(guide="none", values=c("Computer"="red",
"Machinery"="blue"))

## 有时两个图例会合并为一个图例
p+geom_point(aes(color=Area, shape=Area), size=5)+
    scale_color_manual(values=c("Computer"="red", "Machinery"=
"blue"))+
    scale_shape_manual(values=c("Computer"=19, "Machinery"=0))

## 在两个图例会合并为一个图例时，也可用 scale_*_* 将其中一个设为不绘制
p+geom_point(aes(color=Area, shape=Area), size=5)+
    scale_color_manual(guide="none", values=c("Computer"=
"red", "Machinery"="blue"))+
    scale_shape_manual(values=c("Computer"=19, "Machinery"=0))
```

```
## 在图例能够合并的情况下，若修改其中一个图例的标题，则图例不会再合并
p+geom_point(aes(color=Area, shape=Area), size=5)+
    scale_color_discrete(guide=guide_legend(title="ABC"))+
    scale_shape_discrete()

## 仅当同时修改两个图例的标题时，合并才会维持
p+geom_point(aes(color=Area, shape=Area), size=5)+
    scale_color_discrete(guide=guide_legend(title="ABC"))+
    scale_shape_discrete(guide=guide_legend(title="ABC"))
```

如果需要对图例进行修改，需将一个由 guide_legend 或 guide_colorbar（仅用于调整 color 和 fill 属性）生成的对象赋予 guide 参数。现将这两个函数的参数总结如下：

- direction：可选项为 "horizontal" 和 "vertical"，设定是以水平方向还是以垂直方向放置图例。默认状态下，ggplot 将自行决定。
- title：图例标题。如果不需要图例标题，可设成 NULL 或 ""。
- title.position：图例标题的位置。可选项为 "top"、"bottom"、"left" 或 "right"。默认状态下，垂直图例会被设置为 "top"，水平图例会被设置为 "left"。
- title.theme：图例标题的属性。请参阅后文对 theme(...) 的讲解。
- title.hjust、title.vjust：调整标题与标尺之间的左右距离和上下距离。见以下示例。
- label：是否显示图例标签。可选项为 TRUE（默认）和 FALSE。
- label.position：图例标签的位置。可选项为 "top"、"bottom"、"left"、"right"。默认状态下，垂直图例会被设置为 "right"，水平图例会被设置为 "bottom"。
- label.theme：图例标签的属性。请参阅后边对 theme(...) 的讲解。
- label.hjust、label.vjust：图例标签的水平位置和垂直位置。其用法与 title.hjust 相仿。
- keywidth、keyheight：guide_legend 专有，调整格子的宽度和高度。
- barwidth、barheight：guide_colorbar 专有，调整标尺的宽度和高度。

- nrow、ncol、byrow：格子的排列方式。见以下例子。

- ticks：guide_colorbar 专有，可选项为 TRUE 和 FALSE，用于确定是否在标尺上加刻度线。

- frame.colour、frame.linetype、frame.linewidth：guide_colorbar 专有，调整围住标尺的框线。注意：在 ggplot2 的 3.2.1 及以前版本中，这里的 frame. colour 不能写成 frame.color。另外，调整粗细的参数为 frame.linewidth，而不是 frame.size。

- ticks.colour、ticks.linetype、ticks.linewidth：guide_colorbar 专有，调整刻度线。注意：调整颜色用 ticks.colour，而非 ticks.color，调整参数用 ticks. linewidth，而非 ticks.size。

- reverse：标尺或格子的排列顺序。默认值为 FALSE，若改为 TRUE，则反向排列标尺或格子。

- override.aes：对格子的图形属性进行修改。要修改的属性必须以 list 的形式传给该参数。见以下示例。

我们用一些例子来对上述参数进行说明。

```
## guide_legend
q1=p+geom_point(aes(color=Area, alpha=Value), size=5)
q2=scale_color_manual(
    values=c("Machinery"="blue", "Computer"="red"),
    guide=guide_legend(
        title="color legend",
        title.position="left",
        title.vjust=1, # 默认值为 0.5
        title.theme=element_text(color="orange", size=10),
        label.theme=element_text(size=15, face=4)
    )
)
```

```
q3=scale_alpha_continuous(
    guide=guide_legend(
        direction="horizontal",
        title="alpha legend",
        title.position="bottom",
        title.hjust=-1, # 默认值为 0，调至负数使其向左偏
        label.position="bottom",
        keyheight=3,
        keywidth=3,
        nrow=2, byrow=TRUE
    )
)
q1+q2+q3


## 对格子所使用的图形属性进行修改
p+geom_point(aes(color=Area), shape=15, size=5)+
    scale_color_manual(values=c("Computer"="red", "Machinery"=
"blue"), guide=guide_legend(override.aes=list(shape=8, size=5))) #
```
在本例中，在默认状态下图例会使用 15 号点，但我们可将其改为 8 号点

```
## guide_colorbar
p+geom_point(aes(color=Value), size=5)+
    scale_color_continuous(
        low="blue", high="red",
        breaks=c(95, 100), labels=c(95, 100),
        guide=guide_colorbar(
            reverse=TRUE,
            title="color",
            ticks=FALSE
        )
    )
```

```
p+geom_point(aes(color=Value), size=5)+
    scale_color_continuous(
        low="blue", high="red",
        guide=guide_colorbar(
            frame.colour="green", frame.linewidth=3,
            ticks.colour="yellow", ticks.linewidth=8,
            barheight=15
        )
    )
```

第三节　主题

主题，是指图表背景色、面板背景色、坐标轴的宽度等附属元素的属性。图表是否美观、合理，在一定程度上取决于主题的设置。本节分为三个部分，首先介绍成套主题，其次介绍可在 theme 函数中直接修改的主题，最后介绍在 theme 函数中通过 element_* 系列函数修改的主题。

一、成套主题

主题设置涉及许多项目，有时我们只有对多个项目同时进行修改，才会看到理想的效果。比如，我们把背景色改为黑色，那么就应该同时把坐标轴标题之类的文字由默认的黑色改成浅色，这样才能让这些文字显示出来。为了简化操作，程序编写者设计了一些成套的主题。

```
library(ggplot2)

dat=read.csv("ip small.csv", row.names=1)    # 前边的章节使用过的工业生
产指数数据

p=ggplot(data=dat, aes(ID, Value, color=Area))+geom_line(size=1)
```

```
## ggplot2 中的内置主题
p+theme_bw() # 黑白主题
p+theme_bw()+theme(panel.background=element_rect(fill="#DFCCFF")) #
```
使用成套主题后仍可以用后边会讲到的 theme 函数修改个别属性
```
p+theme_minimal() # 简单主题
p+theme_classic() # 经典主题
p+theme_void() # 去掉各种附属元素（我们以后将多次用到这个设置）
ggplot()+geom_blank(data=dat, aes(ID, Value)) # geom_blank 是图层函
```
数，而并非主题设置函数。笔者将其放在这里，是因为它能起到根据数据生成画布
的作用。它的功能相当于用数据画一个散点图，只不过所有的点都是透明的

```
## ggthemes 等 R 包也提供了一些有用的成套主题
# install.packages("ggthemes")
library(ggthemes)


p+theme_economist() #《经济学人》风格
p+theme_par() # 模仿 base 作图系统
p+theme_stata() # 模仿 Stata
p+theme_wsj() #《华尔街日报》风格
```

二、theme 函数：直接修改

用 theme 函数对主题进行修改的操作可分为两类。

```
dat=read.csv("ip big.csv", row.names=1) # 前边的章节使用过的工业生产
```
指数数据

```
dat$Date=as.Date(dat$Date)
# 为进行示范我们有意生成两个图例
p=ggplot(dat)+geom_line(aes(Date, Value, color=Area, linetype=
Area), size=1.2)+
```

```
scale_color_discrete(guide=guide_legend(title="legend 1"))+
scale_linetype_discrete(guide=guide_legend(title="legend 2"))
```

```
# 第 1 类: 直接为参数指定一个值
p+theme(aspect.ratio=0.5)
# 第 2 类: 用参数指定由 element_* 函数生成的值
p+theme(axis.text.x=element_text(angle=30, size=12))
```

下面我们首先介绍直接设定的方法。

总结起来，能够直接设置的项目有：

```
## legend.position: 图例位置
# 选项为 "none"、"bottom"、"top"、"left"、"right"; 也可以是长度为 2 的
向量，此时给出的数值不是坐标值，而是图例的中心点在整个面板中的位置。水平
位置和垂直位置均用 0 至 1 的数值来表示，因此，c(0.5, 0.5) 就代表把图例画在
面板中间
p+theme(legend.position="bottom")
p+theme(legend.position=c(0.5, 0.5)) # 整个图例的中心位于面板左边
```

```
## legend.direction: 图例中格子的排列方向
# 选项为 "horizontal" 或 "vertical"。当图表包含多个图例时，如果只想修改单
个图例，请在 guide_legend/colorbar 里修改 direction 参数
p+theme(legend.position="bottom", legend.direction="vertical")
```

```
## legend.spacing: 多个图例之间的距离
# 用 unit 函数进行设定，并选择适当的数值和 "cm"、"inches"、"mm" 等单位，
以免把图例挤到图表外
p+theme(legend.position="bottom", legend.direction="vertical",
legend.spacing=unit(3, "cm"))
```

```
## legend.spacing.x、legend.spacing.y: 调整图例标题、格子或标尺、标签
```

之间的距离

```
# 用 unit 函数调整
p+theme(legend.spacing.y=unit(10, "mm"), legend.spacing.x=unit(5,
"mm"))  # 此处的图例标题在其他部分的上边，用 legend.spacing.y 调整，标签
在格子的右边，用 legend.spacing.x 调整
ggplot(dat)+geom_line(aes(ID, Value, color=Area))+
    scale_color_discrete(guide=guide_legend(label.position="top"))+
    theme(legend.spacing.y=unit(2, "mm"))  # 此处的图例标题在标签上边、
标签在格子上边，因此均用 legend.spacing.y 调整
```

```
## legend.key.size、legend.key.width、legend.key.height: 同时修改格
子的宽度和高度、修改宽度、仅修改高度
# 用 unit 函数调整
p+theme(legend.key.width=unit(2, "cm"), legend.key.height=
unit(0.3, "cm"))
```

```
## legend.title.align、legend.text.align: 图例标题和标签的对齐方式
# 取值为 0（左）至 1（右）之间的数值
p+theme(legend.title.align=0.5, legend.text.align=1)
```

```
## legend.justification: 对整个图例的位置进行调整
# 当图例在左边或右边时，可选项为 "center"、"top" 或 "bottom"，当图例在上
边或下边时，可选项为 "center"、"left" 或 "right"
p+theme(legend.justification="top")
p+theme(legend.position="bottom", legend.direction="vertical",
legend.justification="left")
# 取值也可为在 0 至 1 之间、长度为 2 的向量: 当图例在左边或右边时，仅第二个
数值有效，用于调整上下位置；当图例在上边或下边时，仅第一个数值起作用，用
于调整左右位置
p+theme(legend.justification=c(999, 0))
p+theme(legend.position="bottom", legend.direction="vertical",
```

```
legend.justification=c(0.2, 999))
```

legend.box：多个图例的排列
当为 "horizontal" 时所有图例在同一行，当为 "vertical" 时在同一列
```
p+theme(legend.position="bottom", legend.box="vertical")
```

legend.box.spacing：图例到绘图区的距离
用 unit 函数调整，正值使图例远离面板，负值使两者贴近，不过负值可能会使面板无法完整显示
```
p+theme(legend.box.spacing=unit(-2, "cm"))
```

panel.ontop：是否把面板放在最上层
改变此设置唯一有意义的情境就是：用半透明从半透明的面板改变色调
```
p+theme(panel.background=element_rect(fill=scales::alpha("purple",
0.1)), panel.ontop=TRUE)
```

axis.ticks.length：坐标轴刻度线的长度
用 unit 函数调整
```
p+theme(axis.ticks.length=unit(0.2, "cm"))
```

plot.margin：画布边缘
用 unit 函数调整，需依次给出上、右、下、左的数值。注意：这个参数会修改整个图表的边缘，而不会修改各个分面的边缘（后边的章节会介绍分面的操作）
```
p+theme(legend.position="bottom", legend.box="vertical", plot.
margin=unit(c(0, 0.5, 0, 0), "inches"))  # 对边缘作调整常用于确保坐标轴
标签可以完整显示
```

plot.tag.position：标记的位置
选项为 "top"、"topleft"（默认）、"topright"、"left"、"right"、"bottom"、
"bottomleft"、"bottomright" 这八个位置
```
p+labs(tag="Figure 1")+theme(plot.tag.position="left")
```

```
## aspect.ratio: 面板的高宽比
# 请参阅本章第一节讲解 coord_fixed 函数的部分


## plot.title.position and plot.caption.position: 标题（包含副标题）
和注释的对齐位置
# 选项为 "panel"（默认）或 "plot"
p+labs(title="ABCDE", subtitle="abcde")+theme(plot.title.position=
"plot")
```

三、theme 函数：用 element_* 函数修改

初学 ggplot 的读者可能会对下面要讲解的主题设置方式不太习惯。比如，我们要修改标题类文字的大小时，不能使用 title.size=20 之类的代码，而必须使用 title=element_text(size=20)。在程序编写者看来，图表各种附属元素均可以被归为文字、线条、矩形三类。因此，调整背景色就相当于调整矩形的填充色，调整坐标轴的线形就相当于调整线条的线形。就此而言，用 element_text、element_line 和 element_line 函数进行调整反而让人感到更加明晰。

```
## 此类主题设置的书写形式是：
p+theme(panel.background=element_rect(fill="yellow"))
# 待修改的项目是 panel.background（即面板背景色）；对其进行修改相当于对
矩形填充色进行修改，因此应使用 element_rect；待修改的属性是填充色，因此参
数为 fill
# 注意：多数情况下，我们可按任意顺序调整主题，不过也有例外
p+theme_void()+theme(panel.background=element_rect(fill="yellow")) #
正确：先去掉各种元素，再修改元素
p+theme(panel.background=element_rect(fill="yellow"))+theme_void() #
错误：先修改元素，再去掉元素（这会导致上一步的修改无效）
# 用 element_blank 可删除我们指定的元素，而不会像 theme_void 那样删除多个
附属元素。
p+theme(panel.background=element_blank(), axis.title=element_
```

blank()) # 删除面板和坐标轴标题

1. element_text

用 element_text 修改的附属元素有：

- text：文字类元素。注意：并非文字的所有属性均可作一次性调整，比如，当使用 text 调整大小和颜色时，坐标轴标签的颜色就不会被改变。
- title：标题类文字。
- plot.title、plot.subtitle、plot.caption、plot.tag、legend.title：图表标题、副标题、注释、标记、图例标题。
- axis.title、axis.title.x、axis.title.x.top、axis.title.y、axis.title.y.right：坐标轴标题、X 轴标题、上侧 X 轴标题、Y 轴标题、右侧 Y 轴标题。
- axis.text、axis.text.x、axis.text.x.top、axis.text.y、axis.text.y.right：坐标轴标签、X 轴标签、上侧 X 轴标签、Y 轴标签、右侧 Y 轴标签。
- legend.text，图例标签。
  - 可修改的属性为：
- family：选项为："sans"（默认），"serif", "mono"。
- face：粗体或斜体。1 为普通，2 为粗体，3 为斜体，4 为粗斜体。
- color：文字颜色。
- size：文字大小。
- angle，旋转角度。Y 轴标题默认旋转 90 度。
- hjust、vjust：水平调整和垂直调整。取值越大文字越靠上（右），取值越小文字越靠下（左）。大于 1 或小于 0 的取值可能导致文字显示不完整。
- lineheight：行高。默认值为 0.9。

dat=read.csv("ip small.csv", row.names=1) # 前边的章节使用过的工业生产指数数据

```
dat$Date=as.Date(dat$Date)
p=ggplot(dat)+geom_line(aes(Date, Value, color=Area), size=1.2)+
    labs(title="Industrial Production Index", subtitle="2011/7 ~
2013/6", caption="Using package ggplot2")
p+theme(text=element_text(color="orange", size=20)) # 所有文字类项目
p+theme(title=element_text(color="orange", size=20)) # 所有标题类文字
p+theme(axis.title.y=element_text(angle=0, vjust=0.5)) # 将 Y 轴标题
改为水平放置，同时用 vjust 将其放到中部
p+labs(y="V\na\nl\nu\ne")+theme(axis.title.y=element_text
(angle=0, vjust=0.5, lineheight=0.7)) # Y 轴标题垂直排列


# 多项调整
p+theme(
    text=element_text(size=16),
    axis.text.x=element_text(angle=30), # 旋转 X 轴标签
    legend.text=element_text(face=4, color="red"), # 修改图例标签
    plot.title=element_text(vjust=-12), # 使标题贴近甚至进入面板
    plot.subtitle=element_text(vjust=-13),
    plot.caption=element_text(hjust=0.5) # 调整注释的位置
)
```

2. element_line

用 element_line 修改的附属元素有：

- line：所有线条类元素。注意：并非文字的所有属性均可作一次性调整，比如，次要网格线的粗细不能用 line 设置。

- axis.ticks、axis.ticks.x、axis.ticks、axis.ticks.x.top、axis.ticks.y.right：坐标轴刻度线、X 轴刻度线、Y 轴刻度线、上侧 X 轴刻度线、右侧 Y 轴刻度线。

- axis.line、axis.line.x、axis.line.y、axis.line.x.top、axis.line.y.right：坐标轴线、X 轴线、Y 轴线、上侧 X 轴线、下侧 Y 轴线。

- panel.grid、panel.grid.major、panel.grid.minor、panel.grid.major.x、panel.
  grid.major.y、panel.grid.minor.x、panel.grid.minor.y：网格线、主要网格线、
  次要网格线，以及与 X 轴和 Y 轴相对应的主要、次要网格线。

    可修改的属性为：color、size、linetype、lineend、arrow，请参阅前文对
geom_line 的说明。

p+theme(

    panel.grid=element_blank(),

    axis.line=element_line(lineend="square", color="red", size=3,
arrow=grid::arrow())

) # 默认状态下，ggplot 并不显示坐标轴，仅当对坐标轴进行调整后，它才会
显示出来

p+theme(

    panel.grid=element_line(linetype=2), # 所有网格线的线形

    panel.grid.major.x=element_line(color="red"),

    panel.grid.minor.y=element_line(color="green")

)

3. element_rect

    用 element_rect 修改的附属元素为：

- plot.background：全图背景。
- panel.background：面板背景。注意：如果要给面板加边框，在此设置 color=
  "black"（或其他颜色）即可。
- legend.box.background、legend.background、legend.key：图例区（容纳多个
  图例的区域）背景、单个图例背景、图例格子背景。

      ■ 可修改的属性为：

- fill：填充色。如果不需要填充色，可设为 NA。注意：此处没有 alpha 参数，如需使用半透明颜色，可用 scales::alpha 事先生成。
- size、linetype、color：轮廓线的粗线、线形、颜色。

```
## 请观察本例中涉及图例的修改
ggplot()+geom_point(aes(x=c("a", "b", "c"), y=1: 3, shape=c("a", "b",
"c"), color=1: 3))+
    theme(
        legend.box.background=element_rect(fill="blue", color=
"green", size=5),
        legend.background=element_rect(fill="orange", color=
"yellow", size=2),
    legend.key=element_rect(fill="purple", color="red", size=2)
    )
```

```
# 综合使用各项主题设置（图 3-3-1）
p+scale_color_manual(values=c("Machinery"="black", "Computer"=
"goldenrod1"), guide=guide_legend(override.aes=list(size=2)))+
    theme(panel.background=element_blank(),
        plot.background=element_rect(fill="steelblue3", color=
"steelblue3"),
        legend.box.background=element_blank(),
        legend.background=element_blank(),
        legend.key=element_blank(),
        text=element_text(color="palegreen1", size=20, family="serif"),
        plot.title=element_text(size=22),
        axis.text=element_text(color="palegreen1"),
        axis.title.y=element_text(angle=0, vjust=0.5),
        panel.grid=element_blank(),
        panel.grid.major.y=element_line(color="palegreen1",
linetype=2),
```

```
    axis.ticks=element_line(color="palegreen1")
)
```

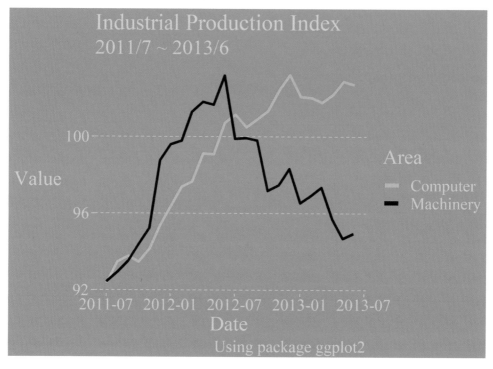

图 3-3-1   综合使用各项主题设置

```
#==========
# 练习：随机散点图
#==========
```

观察效果图（图 3-3-2）可知，各组散点在靠近角落的地方较密集，而在靠近图
表中间的位置较稀疏。这种效果是通过生成呈截断正态分布的数值实现的

```
library(truncnorm)
seed=1 # 设置随机种子
n=270 # 每组散点的个数
SD=3 # 正态分布的标准差
maxsize=17 # 点的最大尺寸
co=c("blue3", "green", "yellow", "red")
```

```
# 生成数据
set.seed(seed); x1=rtruncnorm(n, a=0, b=5, mean=0, sd=SD); seed=
seed+1
set.seed(seed); y1=rtruncnorm(n, a=0, b=5, mean=0, sd=SD); seed=
seed+1
set.seed(seed); s1=runif(n, 1, maxsize); seed=seed+1
set.seed(seed); x2=rtruncnorm(n, a=5, b=10, mean=10, sd=SD); seed=
seed+1
set.seed(seed); y2=rtruncnorm(n, a=0, b=5, mean=0, sd=SD); seed=
seed+1
set.seed(seed); s2=runif(n, 1, maxsize); seed=seed+1
set.seed(seed); x3=rtruncnorm(n, a=5, b=10, mean=10, sd=SD); seed=
seed+1
set.seed(seed); y3=rtruncnorm(n, a=5, b=10, mean=10, sd=SD); seed=
seed+1
set.seed(seed); s3=runif(n, 1, maxsize); seed=seed+1
set.seed(seed); x4=rtruncnorm(n, a=0, b=5, mean=0, sd=SD); seed=
seed+1
set.seed(seed); y4=rtruncnorm(n, a=5, b=10, mean=10, sd=SD); seed=
seed+1
set.seed(seed); s4=runif(n, 1, maxsize)

p=ggplot()+theme_void()+ # 删除附属元素
    theme(aspect.ratio=1, plot.background=element_rect(fill="black",
color=NA))+
    coord_cartesian(xlim=c(0, 10), ylim=c(0, 10), expand=FALSE)+
    geom_point(aes(x1, y1), alpha=0.2, size=s1, color=co[1])+
    geom_point(aes(x2, y2), alpha=0.2, size=s2, color=co[2])+
    geom_point(aes(x3, y3), alpha=0.2, size=s3, color=co[3])+
    geom_point(aes(x4, y4), alpha=0.2, size=s4, color=co[4])
p+geom_text(aes(x=5, y=5, label="Science makes life colorful"),
```

color="white", fontface=3, size=7, family="serif") # 后面的章节会讲到
用于添加文字的 geom_text 函数

图 3-3-2　随机散点图

#=========
练习：颠倒 Y 轴的图表
#=========
文件 terror ym.csv 记录了 1968 年至 2009 年期间，按月统计的世界各地恐怖
袭击伤亡情况，我们用它来绘制一个颠倒 Y 轴的图表（图 3-3-3）
library(reshape2)

dat=read.csv("terror ym.csv", row.names=1) # 课件中的文件
dat=dat[384: 503,] # 只使用 2000 年至 2009 年的数据

```
dat=melt(dat, id.vars="Date", measure.vars=c("Fatalities", "Injuries"))
 # 转化成 ggplot 接受的形式
dat$Date=as.Date(dat$Date) # 转化成 Date 对象以便使用 scale_x_date
# 第一个年份显示四位数字, 后边的只显示两位数字
pos=paste(2000: 2009, "-01-01", sep="")
true_lab=substr(2000: 2009, start=3, stop=4)
true_lab[1]="2000"


# 本例使用的 geom_area 用于绘制带阴影的曲线, 后边的章节将对其进行详细
介绍
p=ggplot(dat)+
    geom_area(aes(x=Date, y=value, alpha=variable), fill="red",
position=position_identity())+
    scale_alpha_manual(values=c("Fatalities"=1, "Injuries"=
0.4))+
    scale_y_reverse(name=NULL)+ # 颠倒 Y 轴
    scale_x_date(name=NULL, breaks=as.Date(pos), labels=true_lab,
position="top") # 将 X 轴放到顶部
p+theme_void()+
    labs(title="Monthly Fatalities and Injuries of\nTerrorist
Attacks 2000 ~ 2009\n")+
    theme(
        text=element_text(family="mono"),
        axis.text=element_text(size=15, color="grey70"),
        plot.title=element_text(color="grey70", size=18, hjust=1),
        legend.title=element_blank(),
        legend.text=element_text(color="white", size=14),
        plot.background=element_rect(fill="grey15", color=NA),
        plot.margin=unit(rep(4, 4), "mm"),
        axis.ticks.x.top=element_line(color="grey30"),
        axis.ticks.length=unit(2, "mm"),
```

```
    panel.grid.major.y=element_line(color="grey30", linetype=
3),
    legend.position="bottom"
  )
```

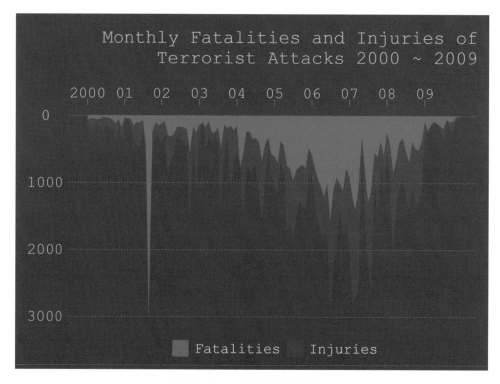

图 3-3-3　颠倒 Y 轴的图表

第四节　图片保存

保存图片的最简单方法是直接在屏幕上截图，Rstudio 用户亦可通过点击中绘图窗口上方的 Export 按钮保存图片。不过，如果我们要对图片的尺寸、清晰度和格式作更精细的调整，最好使用 ggplot2 包中的 ggsave 函数。关于确保汉字能够正常显示并保存的方法，请参阅后面关于添加文字的章节。

如果我们已经画出一个图表了，那么使用 ggsave(" 文件名 ") 就可进行保存了。常用的参数有：

- filename：文件名。文件后缀名决定了图片的格式，如果你希望保存 png 格式的图片，就以 ".png" 为后缀名。
- plot：默认状态下，ggsave 会保存现有的最后一个图表。但如果我们把图表赋值给一个变量，则 plot 要指向这个变量。
- width、height、units：图片的宽、高以及使用的单位。其中，units 的可选项为 "in"、"cm"、"mm"，这一项一般无需改动，使用默认的 "in"（英寸）即可。参数 width 和 height 在默认状态下会使用当前作图窗口的尺寸，这意味着我们在保存前只要把窗口拉伸到合适的大小就可以了。不过，有时（特别是需要保证作图的可重复性时），需要明确指定这两个参数的数值。要强调的是，ggsave 不能以像素为单位。在默认以 "in" 为单位的情况下，务必不要设置像 width 为 800、height 为 600 这样大的数值。
- dpi：以每英寸像素数表示的分辨率。默认值为 300。如果我们需要得到更清晰的图片，就应增加 dpi。图片尺寸与 dpi 的关系是如下：例如，宽为 7，高为 6，单位为英寸，dpi 为 800，则被保存图片的宽就是 7*800=5600 像素，高是 6*800=4800 像素。

```
library(ggplot2)

dat=read.csv("happy small.csv", row.names=1) # 课件中的文件

p=ggplot(dat)+geom_point(aes(GDP_percap, Satisfaction), size=10)+
    labs(title="A Very Long Title", x=" 标题 ")+
    theme(text=element_text(size=23), axis.line=element_line(size=
2))

## 通过拉伸窗口确定尺寸
# 在拉伸窗口至合适大小后，用 ggsave(" 文件名 ", plot=p, dpi=500)

## 通过设置宽和高的确定尺寸
```

```
# 请尝试用以下两种设置保存图片
# ggsave(" 文件名 ", plot=p, width=8, height=6, dpi=150) # 图片 1
# ggsave(" 文件名 ", plot=p, width=4, height=3, dpi=300) # 图片 2
```

在用看图软件查看图片时，我们会发现尽管两张图片有相同的像素数，但是与图片 2 相比，似乎图片 1 上的点和文字更小，线更细。实际上，ggplot 中的点、文字和线是以绝对单位绘制的，因此严格来讲，它们的大小并没有发生变化；只不过，在尺寸较大的图片（图片 1）上，图形显得小一些或细一些而已。这就是说，就呈现出来的效果而言，图表上图形的大小既取决于我们作图时设置的参数（如 size 参数），也取决于保存图片时对整个图片的尺寸的设置。

```
#=========
# 练习：去掉图片的白边
#=========
# 绘图时若使用 coord_fixed 或 theme(aspect.ratio=...)，得到的图片可能有
多余的白边。我们可以用 image_trim 函数去掉白边
library(magick)
ggplot()+geom_point(aes(c(0, 1, 2, 3, 4, 5), c(0, 2, 4, 6, 8, 10)))+
coord_fixed()
# ggsave(" 文件名 ")
# img=image_read(" 文件名 ")
new=image_trim(img)
```

第四章 线条

我们已经在第二章学习了绘制折线图的方法，本章将介绍更多绘制线条的方法。

第一节 水平线、垂直线和斜线

函数 geom_line/path 可以绘制包含起始点和多个端点的折线，而我们接下来要使用的 geom_hline、geom_vline 和 geom_abline 绘制出来的则是贯穿整个图表的直线，这些直线可被当成参考线附加在其他图形上。这三个函数与 geom_line/path 有着相同的一般参数（color、alpha、size、linetype 等）。

```
library(ggplot2)

## geom_hline 用 xintercept 确定水平线与 X 轴的交点，geom_vline 用 yintercept
确定垂直线与 Y 轴的交点
p=ggplot()+geom_vline(aes(xintercept=0), linetype=2)+ # 垂直线
    geom_hline(aes(yintercept=c(0.1, 0.2, 0.3)), color=rainbow(3)) #
水平线
# 线条贯穿全图，向两端无限延伸，但图表上显示出来的部分可能并不是我们想看
到的部分。因此，我们还必须明确坐标系值域或者把线条跟其他图形放在一起
p+xlim(-3, 3)+ylim(0, 0.4)
x=seq(-3, 3, 0.05); y=dnorm(x)
p+geom_line(aes(x=x, y=y))

## geom_abline 用 slope 和 intercept 确定斜线的斜率和截距，这两个参数都可
以是长度大于 1 的向量
```

```
ggplot()+coord_fixed(xlim=c(-2, 10), ylim=c(-2, 13))+
    geom_abline(aes(slope=0.5, intercept=5), color="red",
linetype=2, size=1)+
    geom_abline(aes(slope=1, intercept=0: 10), linetype="2141")
```

第二节　线段和曲线

在提供两个端点的情况下，geom_segment 可绘制线段，geom_curve 可绘制曲线。两个函数用来确定线段 / 曲线端点的 aes 参数是 x、y、xend、yend，分别代表起点 X 坐标、起点 Y 坐标、终点 X 坐标、终点 Y 坐标。用来确定图形属性的一般参数有：

- color、alpha、size、linetype、arrow、lineend、linejoin：请参考 geom_line 的说明。
- ncp：geom_curve 专有，确定用来刻画曲线的点的数目。点越多，曲线越平滑。
- curvature、angle：geom_curve 专有，调整曲线的弯曲方式。读者需在实际过程中反复尝试，以便确定如何搭配这两个参数。curvature 用来调整弯曲程度（默认值为 0.5），绝对值越大，曲线越弯曲。一条从左画至右边的曲线，当 curvature 为正值时，向下弯曲，反之向上弯曲；而从右画至左边的曲线则刚好相反。angle 用来控制曲线偏向某个端点的程度，取值为 0 至 180（默认值为 90，即无偏倚），当它小于 90 时，曲线偏向起点，反之偏向终点。注意：curvature 的长度必须是 1。

```
library(ggplot2)

L1=c(0, 1, 1, 1); L2=c(0, 2, 1, 2); L3=c(1, 3, 0, 3); L4=c(1, 4, 0, 4)
dat=data.frame(rbind(L1, L2, L3, L4))
colnames(dat)=c("x1", "y1", "x2", "y2")
p=ggplot(dat, aes(x=x1, y=y1, xend=x2, yend=y2))+coord_
```

```
fixed(ylim=c(0, 5))
```

批量画线段

```
p+geom_segment(color=c("red", "orange", "green", "blue"),
arrow=grid::arrow())
# 请观察不同 curvature 值的效果
p+geom_curve(color="red", arrow=grid::arrow(), curvature=0.5)+geom_
curve(color="green", arrow=grid::arrow(), curvature=-0.5)
# 请观察不同 angle 值的效果
p+geom_curve(color=c("red", "orange", "green", "blue"),
arrow=grid::arrow(), curvature=0.8, angle=c(45, 135, 45, 135))
```

我们可以用 geom_segment 绘制的线段来代替条形图。让我们以数据集 oil.csv 为例，它记录了美国、墨西哥等国家 1971 年全 2017 年以吨油当量计算的原油产量。

```
oil=read.csv("oil.csv", row.names=1) # 课件中的文件
dat=tapply(oil$Production, INDEX=list(oil$Year), sum) # 按年份求和
dat=data.frame(Year=as.numeric(names(dat)), Production=as.
numeric(dat))

ggplot(dat)+theme(aspect.ratio=0.4)+
    geom_segment(aes(x=Year, y=0, xend=Year, yend=Production),
size=1.2, color="orange")+
    geom_point(aes(x=Year, y=Production), size=2)
```

```
#==========
# 练习: geom_diagonal
#==========
```

ggforce 包中的 geom_diagonal 可用来方便地绘制思维导图中的曲线连接线

```
# install.packages("ggforce")
```

```
library(ggforce)

x=0; y=0 # 中心点的坐标
xend=rep(5, 9); yend=-4: 4 # 右侧 9 个点的坐标
lab1="x"; lab2=paste("x", 1: 9, sep="") # 各点标签
```
geom_diagonal 除了拥有 color、alpha 等线条原本具有的参数外，还拥有 n 和 strength 两个参数。其中，n 是绘制线条所使用的点的数目（默认值为 100），点越多，线条越平滑；strength 用来控制弯曲程度（默认值为 0.5）
```
ggplot()+xlim(-1, 6)+ylim(-5, 5)+
    geom_diagonal(show.legend=FALSE, aes(x=x, y=y, xend=xend,
yend=yend, color=factor(yend)), arrow=grid::arrow(angle=14), n=40,
strength=0.7)+
    scale_color_manual(values=rainbow(9))+
    geom_text(aes(0, 0, label=lab1), hjust="right", size=6)+
    geom_text(aes(xend, yend, label=lab2), hjust="left", size=6)
```

第三节　带阴影的曲线

在坐标系中确定两条有着相同 X 轴坐标的曲线，然后把它们中间的区域涂上颜色，这便是 geom_ribbon 的工作机制。而 geom_area 则是 geom_ribbon 的特例：它把 X 轴当成两条折线中的一条。

```
library(ggplot2)

## geom_ribbon
x=1: 5; y1=1: 5; y2=2: 6
ggplot()+geom_ribbon(aes(x=x, ymin=y1, ymax=y2), fill="red",
color="purple", size=2)
## geom_area
x=seq(-3, 3, 0.1); y=dnorm(x)
```

```
ggplot()+geom_area(aes(x=x, y=y), fill="red", color="purple",
alpha=0.3)
```

下面对以上两个函数的参数进行总结：

- color、alpha、size、linetype：轮廓线的属性。请参考对 geom_line 的介绍。
- fill：填充色。注意：alpha 参数会同时影响 color 和 fill 参数。
- ymin、ymax：在 geom_ribbon 中用于确定两条曲线的位置。
- position：分组绘制时每个图形的相对位置。注意：geom_area 默认 position= "stack" 或 position_stack()，即绘制堆积图。但在第三章第三节使用恐怖袭击数据的练习中，我们使用了 position="identity" 或 position_identity()。同理，position 亦可设为 position="fill" 或 position_fill()。
- orientation：见第三章第一节关于 coord_flip 的内容。
- outline.type：是否为阴影添加线条，选项为 "upper"（添加上部线条，geom_area 的默认值）、"lower"（添加下部线条）、"both"（添加上部和下部线条，geom_ribbon 的默认值）、"full"（添加包裹阴影的线条）。

在下边的例子中，我们将用 geom_ribbon 呈现人民币对美元汇率的波动趋势，图中的阴影区域代表收盘价 +/-2 倍的 5 日标准差。（图 4-3-1）

```
library(TTR) # 需使用 runSD

dat=read.csv("usdcny2019.csv", row.names=1) # 课件中的文件
dat=dat[122: 165,] # 本例只使用 6 月 19 日至 8 月 19 日的数据

added=runSD(dat$close, n=5, sample=FALSE) # 求 5 日标准差
line_lower=dat$close-2*added # 阴影下边界
line_upper=dat$close+2*added # 阴影上边界
# 把每周周一的日期设定为 X 轴标签
D=as.Date(dat$date)
```

```
as_week=format(D, format="%u")
pos=which(as_week=="1")  # 提取所有是周一的日期
pos=D[pos]  # 放标签的位置
lab=format(pos, format="%m-%d")  # 标签内容
```

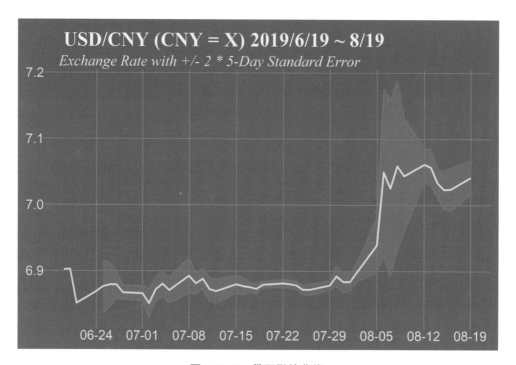

图 4-3-1 带阴影的曲线

```
p=ggplot()+geom_ribbon(na.rm=TRUE, aes(x=D, ymin=line_lower,
ymax=line_upper), alpha=0.6, fill=scales::alpha("#3B4A73", 0.5),
color="#3B4A73", size=0.8)+
    geom_line(na.rm=TRUE, aes(D, dat$close), color="#6CC0FF", size=1)
```

```
p+scale_x_date(breaks=pos, labels=lab)+labs(x="Date", y="HSD/CNY")+
    labs(title="    USD/CNY (CNY = X) 2019/6/19 ~ 8/19", subtitle="
Exchange Rate with +/- 2 * 5-Day Standard Error")+
    theme_void()+
    theme(plot.title=element_text(family="serif", face=2, size=21,
```

```
color="yellow1"),
    plot.subtitle=element_text(family="serif", face=3, size=16,
color="yellow1"),
    axis.text=element_text(color="#8DCCFB", size=14),
    panel.grid.major=element_line(color=scales::alpha("#7C8498",
0.5)),
    plot.background=element_rect(fill="#2F3856", color=NA),
    plot.margin=unit(rep(3, 4), "mm")
  )
```

geom_area 还可绘制堆积面积图。这回我们仍使用原油产量数据，但我们不对每年的产量求和，而是用不同的颜色来表示各国的产量。

```
oil=read.csv("oil.csv", row.names=1) # 课件中的文件
mycolor=hcl.colors(7, palette="Plasma") # 选择配色
ggplot(oil)+
  geom_area(aes(Year, Production, fill=Country), alpha=0.5)+ #  用
Country 变量进行分组
  scale_fill_manual(values=mycolor)
```

第四节　反映关联的曲线

在前边的章节中，我们用生活满意度绘制了散点图。可以发现，人均 GDP 越高，生活满意度也就越高。但是，我们该怎样向看图表的人展示这种关联呢？这时，我们就要用到能够反映这种关联的模型拟合线。

```
library(ggplot2)
library(readxl)

dat=read_excel("happy full.xlsx") # 课件中的文件
dat=as.data.frame(dat)
```

```
p=ggplot(dat)+geom_point(aes(GDP_percap, Satisfaction)) # 首先画散点
图，再添加拟合线
p+geom_smooth(aes(x=GDP_percap, y=Satisfaction), color="red",
fill="blue", alpha=0.3) # 图中的平滑曲线以及周围代表置信区间的阴影较直观
地展示出了数据中的关联
```

geom_smooth 的参数包括：

- color、alpha、size、linetype：与线条相关的属性。请参阅对 geom_line 的介绍。
- se：是否显示代表置信区间的阴影。默认为 TRUE。
- level：绘制阴影所需的置信水平（默认值为 0.95）。
- method：拟合何种模型。常用的为 "lm"（线性模型）、"loess"（局部加权回归模型）、"glm"（广义线性模型）、"gam"（广义可加模型）。除了用字符赋值外，还可以直接把拟合模型使用的函数传给 method，但最好注明函数来自哪个 R 包，以避免 R 找不到这个函数。比如，method="gam" 就相当于 method=mgcv::gam。默认状态下，method 为 "auto"，这意味着在个案数小于 1000 时使用 "loess"，大于等于 1000 时使用 "gam"。
- method.args：用 list 给出的模型额外参数。比如，如果要使用泊松模型，我们除了设置 method="glm" 外，还要设置 method.args=list(family="poisson")。
- orientation：见第三章第一节关于 coord_flip 的内容。

```
# 在很多情况下，method="loess" 的效果好于 method="lm" 的效果
p+geom_smooth(aes(GDP_percap, Satisfaction), color="red")+
    geom_smooth(aes(GDP_percap, Satisfaction), color="green",
method="lm")
```

第五章　文字

第一节　设定文字位置

一、geom_text 和 geom_label

　　ggplot 系统中用于添加文字的基本函数是 geom_text 和 geom_label。两个函数有着相似的参数，前者用于添加纯文字，后者用于添加标签，即带背景色的文字。两个函数的参数有：

- label：待添加的文字。

- size、color、alpha：文字大小、颜色、透明度。

- family：字体。R 自带的字体为 "sans"、"serif"、"mono"，以及我们通过在文档 ?Hershey 中可查到的若干字体。

- fontface：粗体或斜体。1 为普通，2 为粗体，3 为斜体，4 为粗斜体。

- lineheight：行高，默认值为 1.2。

- angle：倾斜角度。取值为 0 至 360。

- vjust：垂直调整。默认值 0.5 代表不偏移。注意：偏移量跟文字大小有关：在同样的偏移量下，较大的文字偏移得较多。参数值亦可为 "top"、"center"（相当于 0.5）、"bottom"。例如，当 vjust 为 "top" 时，坐标值将不再是文字中心，而是其上沿。另外，vjust 为 "inward" 时文字趋近图表中心，为 "outward" 时文字远离中心。

- hjust：水平调整。其用法与 vjust 相仿，亦可用 "left"、"middle"（相当于 0.5）、"right"、"inward"、"outward"。

- nudge_y、nudge_x：以坐标系中的单位计算的水平和垂直偏移量。这两个参数代表的偏移量不随文字大小而变化。

- parse：是否将文字显示成数学表达式（相关内容见下文）。例如，当 parse= TRUE 时，"x^2" 将被显示为 "x" 加上上标的形式。

  - 以下是仅 geom_label 拥有的参数：

- fill：背景色。注意：alpha 参数会同时改变文字和背景色的透明度。
- label.size：框线粗细。默认值为 0.25，单位为毫米，如需删除框线可将其设为 0。
- label.padding：方框中的文字距框线的距离。默认值为 0.25 行，用 unit 函数设置，例如：unit(2, "mm")。
- label.r：方框四个角的圆滑程度，默认值为 0.15 行，用 unit 函数设定。

```
library(ggplot2)

## 修改颜色、大小等属性
ggplot()+
    geom_label(aes(0, 0, label="ABC\nDEF"), size=8, color="purple",
fill="red", alpha=0.3, label.size=2, label.padding=unit(3, "mm"), label.
r=unit(0.4, "cm"), lineheight=0.8)

## 比较 v/h_just 与 nudge_x/y 的不同
ggplot()+
    geom_text(aes(x=-4: -1, y=0, label=LETTERS[1: 4]), vjust=c(0.5,
1, 0, -1))+
    geom_text(aes(x=1: 4, y=0, label=LETTERS[1: 4]), nudge_y=c(0.5,
1, 0, -1), color="red")

## 数学表达式
?grDevices::plotmath # 查询数学表达式的写法
# 注意：如果文字将由 geom_text 或 geom_label 使用，就不要事先用 parse 函数
```

处理；但 ggplot 中其他涉及文字的函数则要求预先处理文字

```
mytext="italic(frac(-b%+-%sqrt(b^2-4*a*c), 2*a))"
mytitle="integral(f(x)*d*x, a, +infinity)"
mytitle=parse(text=mytitle) # 此处务必加上参数名 "text"
ggplot()+geom_text(aes(x=0, y=0, label=mytext), parse=TRUE)+ # 未被
预先处理的文字
    labs(title=mytitle, x=mytitle) # 被预先处理过的文字
```

geom_text 和 geom_label 可用来为图表添加附属元素。下边的例子使用了数据集 art record.csv，它记录了若干创下拍卖价格纪录的当代艺术品。我们希望在绘图区添加图表标题，并且生成带有不同填充色的 Y 轴标签。（图 5-1-1）

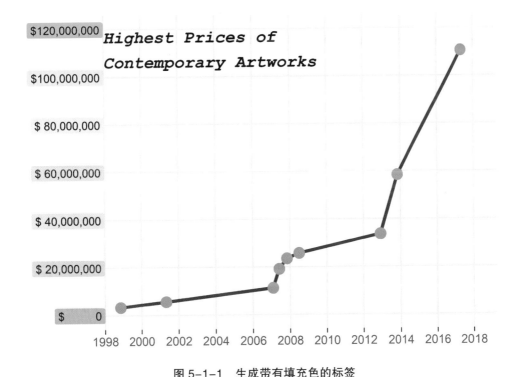

图 5-1-1　生成带有填充色的标签

```
dat=read.csv("art record.csv", row.names=1) # 课件中的文件
options(scipen=10) # 调整小数显示位数
```

```
dat$Date=as.numeric(as.Date(gsub("//", "-", paste(dat$Date, "-01",
sep="")))) # 将 Date 列转为日期对象
# 为方便后续作图，我们将日期对象转化成连续时值，方便后续作图
xlab=seq(1998, 2018, 2)
xpos=as.numeric(as.Date(paste(xlab, "-01-01", sep="")))
left_end=as.numeric(as.Date("1998-01-01")) # 面板左边界

# 先画出折线图和散点图图层
p=ggplot()+
    geom_line(data=dat, aes(x=Date, y=Price), color="grey20",
size=1.5)+
    geom_point(data=dat, aes(x=Date, y=Price), color="#A9996A",
size=5)+
    geom_text(aes(x=left_end, y=Inf, label="Highest Prices of\
nContemporary Artworks"), size=6, family="mono", fontface=4,
vjust=1.5, hjust=0)

# 手动生成 Y 轴标签和填充色
ypos=pretty(dat$Price)
ylab=format(ypos, digits=0, big.mark=", ")
ylab=paste("$", ylab, sep="")
myfill=hsv(seq(0.7, 0, length.out=length(ylab)), s=0.3)

# 添加彩色标签并调整附属元素
p+geom_label(aes(x=left_end, y=ypos, label=ylab), hjust="right",
fill=myfill, size=4, label.size=0)+
    scale_y_continuous(breaks=ypos)+ # 尽管不需要使用 Y 轴标签，但仍需
调整加注标签的位置以便绘制网格线
    scale_x_continuous(breaks=xpos, labels=xlab, limits=c(left_end,
NA), expand=expansion(0.1))+
    coord_cartesian(clip="off")+ # 仅当允许图形超出面板时才可成功添加
```

彩色标签

```
theme_minimal(base_size=15)+
theme(
    plot.margin=unit(c(2, 2, 2, 15), "mm"), # 扩展边缘以便容纳彩色
标签
    panel.grid.minor=element_blank(),
    axis.title=element_blank(),
    axis.text.y=element_blank(), # 删除真正的 Y 轴标签
    axis.ticks.x=element_line()
)
```

我们接下来尝试把艺术家和作品等信息添加到图表中。这里的问题是，文字与点，以及文字与文字会重叠在一起，因此我们需要使用 ggrepel 包来调整文字的位置。（图 5-1-2）

```
# install.packages("ggrepel")
library(ggrepel)

p=ggplot(data=dat, aes(x=Date, y=Price))+
    geom_line(color="lightblue", size=1.5)+
    geom_point(color="#A9996A", size=5)+
    scale_x_continuous(breaks=xpos, labels=xlab, limits=c(left_end,
NA), expand=expansion(0.08))+
    geom_text(aes(x=left_end, y=Inf, label="Highest Prices
of\nContemporary Artworks"), size=6, family="mono", fontface=4,
vjust=1.5, hjust=0)

# 生成标签内容
price_lab=round(dat$Price/1000000, 2)
artist_lab=toupper(dat$Artist)
name_lab=scales::wrap_format(15)(dat$Name)
```

```
info=paste(artist_lab, "\n", name_lab, "\n", "$", price_lab, "
million", sep="")
```

```
# 使用 geom_label，标签要么与点或其他标签重叠，要么超出显示范围
p+geom_label(aes(label=info), size=3, lineheight=0.8)
# 改用 geom_label_repel
p+geom_label_repel(aes(label=info), label.size=NA, box.padding=
unit(6, "mm"), seed=1, max.iter=1500, fill="white", color="grey20",
size=4, family="serif", fontface=2, lineheight=0.8)+
    theme(axis.text=element_text(size=12), panel.grid.minor=
element_blank(), axis.title=element_blank())
```

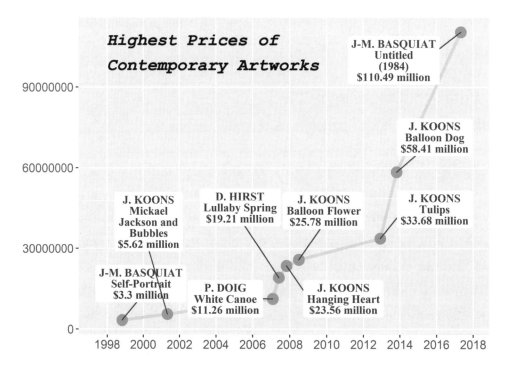

图 5-1-2　自动调整文字位置

　　geom_label/text_repel 的参数与 geom_label/text 的参数相似，不过以下参数是前者独有的：

- max.iter：调整位置时的迭代次数。默认次数为 2000，实际使用时可设置小一些的数值。

- seed：随机种子。

- box.padding：文字框周围的留白。默认值为 unit(0.25, "lines")，用 unit 函数设置。

- direction：在哪个方向调整位置。默认值为 "both"，意味着新位置在水平方向和在垂直方向上都不同于原位置；当为 "x" 时，新位置仅在水平方向上不同；当为 "y" 时，仅在垂直方向上不同。

- min.segment.length：当新位置与原位置之间的距离小于该值时，连接线不显示。默认值为 unit(0.5, "lines")，用 unit 函数设置。

- segment.color、segment.alpha、segment.size、arrow：连接线的颜色、透明度、粗细和箭头。

以上提到的这些函数，都只能把文字放在面板中，接下来我们再看看如何把文字放在画布（也就是作图窗口）的任意位置。在下边的例子中，我们将用 grid 包中的 textGrob 和 linesGrob 函数，在图表下方放置一些文字和一条线以代替图表注释，并且在图表中间添加一个水印。（图 5-1-3）

```
# install.packages("cowplot")
library(grid) # 使用 linesGrob 和 textGrob
library(cowplot) # 使用 ggdraw 和 draw_grob


# 第一步，画出主要图形
dat=read.csv("happy small.csv", row.names=1)
p1=ggplot(dat)+geom_point(aes(GDP_percap, Satisfaction))+
    theme(plot.margin=unit(c(0.3, 0.3, 1.5, 0.3), "cm")) # 在下方留出
较大边缘以便容纳文字


# 第二步，制作要添加的图形的 grob 对象（但并不直接画出图形）
gr1=linesGrob(x=c(0, 1), y=c(0.12, 0.12), gp=gpar(col="darkblue",
lwd=1, lty=3))
```

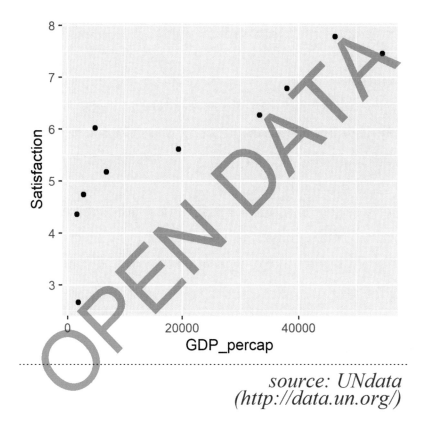

图 5-1-3　使用 grid 包添加文字

```
gr2=textGrob(label="source:  UNdata\n(http://data.un.org/)",
x=0.98, y=0.02, just=c("right", "bottom"), gp=gpar(col="darkblue",
fontsize=15, fontfamily="serif", fontface=3, lineheight=0.7))
gr3=textGrob(label="OPEN  DATA", x=0.5, y=0.5, hjust=0.5, vjust=0.5,
rot=45, gp=gpar(col="red", alpha=0.4, fontsize=60))
```
这个例子展示了 textGrob 和 linesGrob 的使用方法，需要注意的是：（1）参数
名称与 ggplot 系统不同，例如，颜色参数不是 color 而是 col。（2）有的参数必
须放在 gpar 函数里设置。（3）textGrob 的 hjust 和 vjust 参数只能使用数值，而
just 参数应当使用长度为 2 的向量，取值为 0 至 1 的数值或字符 "left"、"center"
（水平方向）、"right"、"top"、"center"（垂直方向）、"bottom"

第三步，用 cowplot 包中的 ggdraw 和 draw_grob 函数完成合并（第七章将对

cowplot 包进行详细介绍）

ggdraw(p1)+draw_grob(gr1)+draw_grob(gr2)+draw_grob(gr3)

第二节　自动调整文字大小

当使用 geom_text 和 geom_label 时，我们难以控制文字的大小。文字大小的单位是毫米，不随像素数变化，因此被保存图表上的文字效果可能不同于在 R 中绘制出来的图表。另外，文字本身有宽和高，但是 ggplot 并不会为容纳文字而扩展坐标系，这时常导致文字显示不完整。在这种情况下，我们可以用 ggfittext 包中的 geom_fit_text 函数划定固定的文字区域，并确保文字刚好填满该区域。

我们用于示范的数据集 auction house.csv，记录了 2017 至 2018 年当代艺术领域交易额排在前列的拍卖机构的名称。这些名称长短不一，因此我们希望在添加 Y 轴标签时让文字自动缩放。（图 5-2-1）

```
# install.packages("ggfittex")
library(ggfittext)
library(ggplot2)

dat=read.csv("auction house.csv", row.names=1) # 课件中的文件

N=nrow(dat)
dat=dat[order(dat$Turnover),] # 为方便作图，调整一下各行排列顺序
max_value=max(dat$Turnover) # 最大值
width=max_value/2 # 把文字左边缘到条形的距离，设为代表最大值的条形的
1/2
height=1 # 文字高度
xmin=-width; xmax=-width/20
ymin=(1: N)-height/2; ymax=(1: N)+height/2

# 绘制线段，用 geom_fit_text 添加 Y 轴标签和图表标题
p=ggplot()+
```

```
    geom_segment(aes(x=0, xend=dat$Turnover, y=1: N, yend=1: N),
color="orchid1", size=2, lineend="round")+
    geom_fit_text(aes(xmin=xmin, xmax=xmax, ymin=ymin, ymax=ymax,
label=dat$House), min.size=0.1, grow=TRUE, reflow=FALSE,
place="right", padding.x=unit(0.5, "mm"), padding.y=unit(0.5, "mm"),
color="grey95")+
    geom_fit_text(aes(xmin=max_value/3, xmax=Inf, ymin=0.5, ymax=N/2,
label="Top 20\nof\nAuction Houses\nby\n Contemporary Art\nTurnover\
n(million $)\n2017/18"), grow=TRUE, fontface=2, place="right",
color="grey95")


# 添加其他元素
xpos=pretty(dat$Turnover) # 手动生成 X 轴标签
xlab=xpos/1000000
turnover_lab=paste("  ", round(dat$Turnover/1000000, 2), sep="") #
将数值作为文字添加上去
p+geom_text(aes(x=dat$Turnover, y=1: N, label=turnover_lab),
fontface=3, hjust="left", color="darkorange1")+
    scale_x_continuous(breaks=xpos, labels=xlab, limits=c(NA, max_
value*1.1))+
    scale_y_continuous(limits=c(0.5, NA))+
    theme(panel.background=element_blank(),
        plot.background=element_rect(fill="grey15", color=NA),
        panel.grid.major.y=element_blank(), panel.grid.minor.
y=element_blank(), panel.grid.minor.x=element_blank(),
        panel.grid.major.x=element_line(color="grey80", linetype=3),
        axis.title.y=element_blank(), axis.text.y=element_blank(),
axis.ticks.y=element_blank(),
        axis.title=element_blank(), axis.text.x=element_text(size=
12, color="grey95"), axis.ticks.x=element_blank()
    )
```

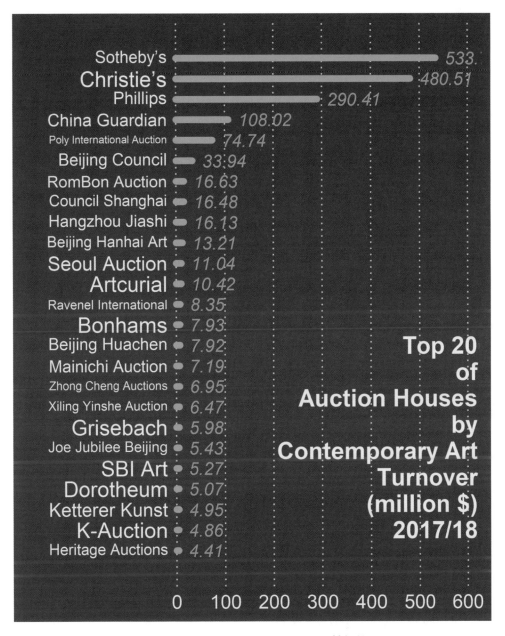

图 5-2-1 用 geom_fit_text 添加 Y 轴标签

geom_fit_text 的重要参数有：

- xmin、xmax、ymin、ymax：文字框。设定文字位置的第一种方式是用这四个参数设定文字框的四个边界。

- x、y、width、height：文字框的中心、宽和高。设定文字位置的第二种方式是用 x 和 y 给出中心点以及文字框的宽和高，此时 width 和 height 代表坐标系中的数值。指定位置的第三种方法是用 x 和 y 给出中心点，并用 unit 函数设定 width 和 height，这种方法不能保证靠近图表边缘的文字能够显示完整。
- label：待添加的文字。
- minsize：文字尺寸的最小值（默认值为 4）。如果文字尺寸比这个数值小，那么文字将不被显示。当你发现文字未正常显示时，请调低这个阈值。
- grow：是否允许自动调整文字尺寸以便充满整个文字框。默认值为 FALSE，但事实上我们总是要把它修改为 TRUE。
- reflow：是否允许自动换行（默认值为 FALSE）。注意：自动换行只对单词间有空格的英文有效，对中文无效。我们亦可通过在文字中添加 "\n" 来换行。
- padding.x、padding.y：文字与文字框之间的空间。默认值为 unit(1, "mm")，需用 unit 函数修改。
- place：对齐方式。默认值为"centre"（等同于"center"或"middle"），可修改为"topleft"、"top"、"topright"、"right"、"bottomright"、"bottom"、"bottomleft"、"left"。
- color、alpha、lineheight、family、fontface：相当于 geom_text 中的参数。

第三节　使用系统字体

R 能够支持的字体非常有限，而我们有时却希望使用楷体、Times New Roman 之类的常用字体。在这种情况下，有两个解决办法，一种不需加载额外的 R 包，另一种需使用 showtext 包。

一、使用 windowsFonts 函数

第一种方法仅限 Windows 系统使用。

```
dat=read.csv("happy small.csv", row.names=1) # 课件中的文件

## 以下示例将使用多种字体添加标题并在面板中添加文字
```

```
# 第一步，加载字体
windowsFonts(new1=windowsFont(" 楷体 "))
windowsFonts(new2=windowsFont("Times New Roman"))
windowsFonts(new3=windowsFont("Wingdings"))
```

\# 我们可以从 Windows 系统控制面板中的字体文件夹中查到字体名称。以上方法用于把这些名称输入 R 中。文件夹只包含 " 楷体　常规 " 这个名称，但在加载时我们要去掉 " 常规 " 二字。注意：此时即使加载了一个本不存在的字体，R 也不会报错。等号前边的名称是我们赋予被加载字体的临时名称（可随意使用任何名称）

```
# 第二步，手动打开绘图窗口
windows()
```

\# 第三步，作图并把 family 参数指向我们赋予被加载字体的名称（图 5-3-1）

图 5-3-1　使用 windowsFonts 函数

```
ggplot(dat)+
    geom_text(aes(30000, 4, label="Add text\nhere."), size=12,
family="new2", fontface=4)+
    geom_text(show.legend=FALSE, aes(GDP_percap, Satisfaction,
label=c("b", "Q",  "J", "A", "c", "K", "L", "M", "N", "["),
color=factor(1: 10)), size=12, family="new3")+
    labs(title=" 使用多种字体 ")+ylim(2.5, 8)+
    theme(plot.title=element_text(size=20, family="new1", face=4))
```

第四步，保存
我们可以使用 ggsave 函数进行保存，亦可把包含图表的窗口拉动到合适的尺寸，
点击左上角的 "File"，再点击 "Save as" 并选择保存格式（推荐使用 png 格式，
不要使用 pdf 格式）

二、使用 showtext 包

第二种方法在两方面不同于第一种方法：首先，第二种方法可以确保 pdf 文件
中的汉字能够正常显示；其次，第二种方法既适用于 Windows 也适用于 Mac OS。
另外，showtext 包的功能在被开启后可能会使第一种方法失效，所以请在每次作
图时只使用一种方法。

# install.packages("showtext")
library(showtext)

第一步，加载字体
font_add(family="lishu", regular="SIMLI.TTF") # font_add 的 family 参数
指向任意一个临时名称。注意：regular 参数指向的不是字体的名称，而是文件名。
具体来讲，如果要加载隶书字体，我们不能将 regular 指向 " 隶书 "，而应该指向字
体文件的名称。我们右键点击代表隶书字体的文件，再点击 " 属性 " 就可以看到文件
名 "SIMLI.TTF" 了

```
font_add(family="times", regular="times.ttf", bold="timesbd.ttf",
italic="timesbi.ttf", bolditalic="timesi.ttf") #
```
在加载 Times New Roman 时，我们右键点击文件后没有找到"属性"，因此点击"打开"。我们看到该字体包含四个文件，分别与常规、粗体、斜体和粗斜体相对应。我们右键点击这四个文件并点击"属性"查看文件名，再把 regular、bold、italic、bolditalic 参数指向这些文件名。只有这样，我们才能在作图时使用粗体、斜体和粗斜体。相反，隶书字体只包含一个文件（即 "SIMLI.TTF"），这意味着我们无法使用它的粗体、斜体和粗斜体

```
# 第二步，开启功能
showtext_auto() # 仅在输入这一代码后，showtext 包的功能才会开启

# 第三步，打开作图设备：在 Windows 中输入 windows()，在 Mac  OS 中输入
quartz()
windows()

# 第四步，作图
ggplot()+geom_text(aes(0, 0, label="Add  text\nhere."), family=
"times", size=15, fontface=4, color="red")+
    labs(title=" 标题 ")+
    theme(plot.title=element_text(family="lishu", size=30))

# 第五步，保存
# 保存图表的操作与第一种方法相同。不同之处在于，当使用 ggsave 函数以 pdf
格式保存时，汉字可以正常显示
```

第六章　多边形

第一节　渐变矩形

annotation_raster 函数用于添加单个带有颜色渐变效果的矩形。

```
library(magick) # 使用 image_read
library(plothelper) # 使用 enlarge_raster、shading_raster、geom_multi_
raster

m1=colorRampPalette(c("darkorange", "#EC4339", "#BE3F76"))(20)
m1=matrix(m1, nrow=1)

## raster 参数应指向一个类型为 "raster" 或 "matrix" 的对象；xmin、xmax、
ymin、ymax 用来指定矩形的边界（图 6-1-1a）
p=ggplot()+theme(axis.title=element_blank(), axis.text=element_
blank(), axis.ticks=element_blank())+xlim(0, 10)+ylim(0, 8) # 注意：
若不用 xlim 等函数设定值域，矩形可能无法完整显示
p+annotation_raster(raster=m1, xmin=1, xmax=9, ymin=1, ymax=7)

## 要让渐变更加平滑，需设定 interpolate=TRUE     （图 6-1-1b）
p+annotation_raster(m1, xmin=1, xmax=9, ymin=1, ymax=7, interpolate=
TRUE)

## 当将边界设置为正负无穷时，可在不设置值域的情况下使矩形延展至面板边缘
（图 6-1-1c）
m2=matrix(colorRampPalette(rainbow(10))(30))
```

```
p+annotation_raster(m1, xmin=-Inf, xmax=Inf, ymin=-Inf, ymax=Inf,
interpolate=TRUE)+
    annotation_raster(m2, xmin=6, xmax=Inf, ymin=-Inf, ymax=3,
interpolate=TRUE)
```

图片亦可被当成 raster 对象放置（图 6-1-1d）
```
img=image_read("box money.jpg")
alp=scales::alpha("khaki", seq(0.1, 1, length.out=20)) # 可在图片上再
```
覆盖一个半透明渐变矩形，以便于添加其他元素
```
alp=matrix(alp, nrow=1)
p+annotation_raster(img, xmin=0, xmax=10, ymin=0, ymax=8)+
    annotation_raster(alp, xmin=0, xmax=10, ymin=0, ymax=8, interpolate=
TRUE)
```

图 6-1-1　左上 = 图 a 设置边界，右上 = 图 b 让渐变更加平滑，左下 = 图 c 将边界设置为
正无穷或负无穷，右下 = 图 d 添加图片

要使渐变更为平滑，可使用 plothelper 包中的 enlarge_raster 函数增加每行或每列的颜色数。在图 6-1-2 中，相较于左边的图片，右边的渐变因使用了更多颜色而更加平滑

```
m1=matrix(c("red", "red", "red", "red", "blue", "red", "red", "red",
"red"), nrow=3)
m2=enlarge_raster(m1, n=c(40, 50), space="Lab")  # 将每行的颜色数增至
40，将每列的颜色数增至 50，颜色空间设为 "Lab"（也可为 "rgb"）
p+annotation_raster(m1, xmin=0.1, xmax=4.9, ymin=0.1, ymax=7.9,
interpolate=TRUE)+ # 不增加颜色
    annotation_raster(m2, xmin=5.1, xmax=9.9, ymin=0.1, ymax=7.9,
interpolate=TRUE) # 增加颜色
```

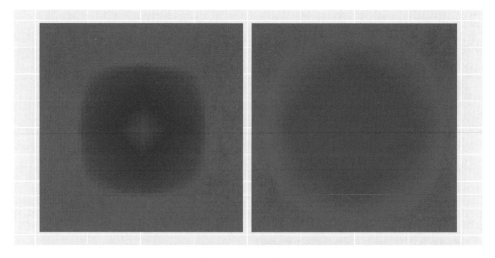

图 6-1-2 使用 enlarge_raster 函数

颜色渐变的方式取决于矩阵中颜色的排列（图 6-1-3），这一点可通过以下示例中的 m1、m2、m3、m4 显示出来

```
m1=colorRampPalette(c("red", "dodgerblue3"))(3)
m1=matrix(c(
    m1[1], m1[2],
    m1[2], m1[3]), nrow=2, byrow=TRUE)
m1=enlarge_raster(m1, c(40, 40))
```

图 6-1-3 通过颜色的排列改变渐变方式

```
set.seed(831); m2=sample(c("skyblue", "lightskyblue", "white",
"grey95", "grey85"), 64, TRUE, prob=c(0.5, 0.1, 0.1, 0.1, 0.1))
m2=matrix(m2, nrow=8)
m2=enlarge_raster(m2, c(144, 144))


m3=matrix(
    c("pink", "pink", "pink", "pink",
    "pink", "white", "white", "pink",
    "pink", "white", "white", "pink",
    "pink", "pink", "pink", "pink"), nrow=4, byrow=TRUE)
m3=enlarge_raster(m3, c(40, 40))
```

使用 plothelper 包中的 shading_raster 函数可以生成围绕中心点的渐变

```
m4=shading_raster(nr=41, nc=41, middle=c(1, 21), palette=c("khaki1",
"grey15"), FUN=sqrt) # 此处参数的含义是：生成一个 41 行和 41 列的矩阵，将
单元格 [1, 21] 设为中心，并将其颜色设为 "khaki1"，其他单元格中的颜色取决于
它们与这个中心的距离，距离越远，颜色越偏向 "grey15"，但在分配颜色前，距
离值会被 sqrt 函数开方（参数 FUN 指向任意只带一个参数的函数）
```

```
p+annotation_raster(m1, xmin=0.1, xmax=4.9, ymin=0.1, ymax=3.9,
interpolate=TRUE)+
    annotation_raster(m2, xmin=5.1, xmax=9.9, ymin=0.1, ymax=3.9,
interpolate=TRUE)+
    annotation_raster(m3, xmin=0.1, xmax=4.9, ymin=4.1, ymax=7.9,
interpolate=TRUE)+
    annotation_raster(m4, xmin=5.1, xmax=9.9, ymin=4.1, ymax=7.9,
interpolate=TRUE)
```

plothelper 包中的 geom_multi_raster 能够代替 annotation_raster，并可同时绘制多个渐变矩形，但它使用的数据必须是由 tibble 包生成的数据框。

```
dat=tibble::tibble(xmin=c(0.1, 5.1), xmax=c(4.9, 9.9), ymin=c(0.1,
0.1), ymax=c(4.1, 4.1), r=list(m1, m2))
p+geom_multi_raster(data=dat, aes(xmin=xmin, xmax=xmax, ymin=ymin,
ymax=ymax, raster=r), flip=FALSE) # 如果使用 coord_flip 函数，需同时将
flip 设为 TRUE
```

第二节　绘制多边形的方便函数

本节主要介绍，如何批量画出由少数参数确定的多边形的方法。例如，长方形就属于此类多边形，我们只要知道宽和高就可以确定这个长方形的形状了。

一、geom_tile/rect

我们用 geom_tile 或 geom_rect 来批量绘制矩形。

geom_tile 使用中心点坐标来确定矩形的位置，用宽和高来确定矩形的形状。由于条形图本质上就是并列的多个矩形，所以接下来我们尝试用 geom_tile 代替 geom_bar 来绘制条形图。

```
# install.packages("ggforce")
library(ggfittext) # 用于添加文字
library(plothelper) # 使用 spathxy 等
library(ggforce) # 使用 geom_regon
library(tibble) # 使用 tibble


v=c(1, 2, 3, 5, 4)
# 首先，我们用 geom_bar 绘制条形图并观察
ggplot()+geom_bar(aes(x=1: 5, y=v, fill=v), stat="identity",
width=0.8, color="orange")
# 观察可知，条形图中矩形的中心点 X 坐标就是底边中点 X 坐标，Y 坐标就是高度
的 1/2
ggplot()+geom_tile(aes(x=1: 5, y=v/2, fill=v), width=0.8, height=v,
color="orange") # 可见，用两种方法绘制的条形图几乎是一样的
# geom_tile 用参数 x 和 y 来确定一个或多个矩形的中心点，用 width 和 height
来确定宽和高，用 fill 和 color 等参数来确定填充色和轮廓色等属性
```

geom_rect 的功能与 geom_tile 相似，但前者使用矩形左边、右边、底边、顶边的位置来确定位置和形状。

```
# 仍以绘制条形图为例：观察可知，条形图中矩形的底边位置（ymin）都是 0，顶
边位置（ymax）等于用来作图的数值大小，左边位置（xmin）是底边中心点的位置
减去宽度的 1/2，右边位置（xmax）是底边中心点的位置加上宽度的 1/2
ggplot()+geom_rect(aes(xmin=(1: 5)-0.8/2, xmax=(1: 5)+0.8/2,
ymin=0, ymax=v, fill=v), color="orange")
```

啤酒颜色标准参考方法（Standard Reference Method）常用于评估啤酒颜色的

视觉属性。下面我们尝试把这一评估方法涉及的颜色绘制到图上（图 6-2-1）。

图 6-2-1　使用 geom_tile 绘制多个矩形

```
mycolor=read.csv("beer.csv", row.names=1) # 课件中的文件
mycolor=mycolor[, 1]
```

```
# 先生成矩形位置。为确保从浅色到深色的矩形按照从左到右、从上到下的位置排
列，我们使用 spathxy 函数生成坐标
dat=spathxy(1: 8, 1: 5, first="right", second="bottom", change_
line=TRUE) # 总共需要 40 个点位
# 绘制矩形
p=ggplot()+coord_fixed()+theme_void()+
    geom_tile(data=dat, aes(x, y), fill=mycolor, width=0.9, height=
0.9)+
    labs(title="Beer Color SRM")+
```

```
    theme(plot.title=element_text(size=25, hjust=0.5, family=
"HersheyGothicEnglish"))
```

用 geom_fit_text 添加文字

```
lab=paste(1: 40, "\n", mycolor, sep="")
text_color=rep(c("black", "white"), times=c(16, 24))
q=geom_fit_text(data=dat, aes(x, y, label=lab), family="serif",
fontface=2, width=0.9, height=0.6, grow=TRUE, color=text_color)
```

```
p+q
```

```
#=========
```
练习：绘制矩阵条形图
```
#=========
```
本例使用的数据是若干国家在世界银行营商便利程度评估的各具体维度的得分
（分值在 1 至 100 之间，较高的分值代表一个国家或地区能够以较好的措施支持或监
管商业行为）。在表格中，每行存放一个国家的分数，每列存放一个维度的分数，而
在我们将要绘制的矩阵条形图中，条形也是按此方式排列的（图 6-2-2）

```
dat=read.csv("db 5dim.csv", row.names=1) # 课件中的文件
```

```
maxlen=0.9 # 当分数为满分时，条形的长度
width=0.3 # 宽度
nd=ncol(dat)  # 维度数
n=nrow(dat) # 国家数
nation=rownames(dat) # 国家名
lab=colnames(dat) # 维度名
lab=gsub("\\.", " ", lab) # 将句点变成空格
lab=scales::wrap_format(9)(lab) # 设置每行宽度为 9
score=as.numeric(as.matrix(dat))
```

```
bar_pos=spathxy(1: nd, 1: n, first="bottom", second="right", change_
line=TRUE) # 生成条形的起始点
```

```
bar_len=scales::rescale(c(0, 100, score), to=c(0, maxlen))[-c(1, 2)]
# 根据条形的最大长度调整单个条形的长度
bar_pos=cbind(bar_pos, bar_len, score)

p=ggplot(bar_pos)+
    geom_rect(show.legend=FALSE, aes(xmin=x, xmax=x+maxlen, ymin=y-
width/2, ymax=y+width/2, color=factor(x)), fill=NA)+
    geom_rect(show.legend=FALSE, aes(xmin=x, xmax=x+bar_len, ymin=y-
width/2, ymax=y+width/2, fill=factor(x)))+
    geom_text(aes(x=x, y=y, label=round_text(score, 2)), nudge_
y=0.15+width/2, size=4.5, hjust="left", family="HersheySans",
fontface=2, color="white")+
    scale_color_manual(values=c("#CE5B78", "#577284", "#E08119",
"#797B3A", "#9B1B30"))+
    scale_fill_manual(values=c("#CE5B78", "#577284", "#E08119",
"#797B3A", "#9B1B30"))
p+scale_x_continuous(breaks=(1: nd), labels=lab, position="top")+
    scale_y_continuous(breaks=n: 1, labels=nation, expand=
expansion(0.05))+
    geom_hline(aes(yintercept=n+0.5), color="white")+
    labs(title="Business Environment Evaluation\n")+
    theme_void()+
    theme(
        axis.text.x=element_text(hjust=0, face=3, family="serif",
size=15, color="white"),
        axis.text.y=element_text(face=3, family="serif", size=15,
color="white"),
        plot.title=element_text(face=2, family="serif", size=20,
hjust=0.8, color="white"),
        aspect.ratio=0.6,
        plot.margin=unit(rep(3, 4), "mm"),
```

```
    plot.background=element_rect(fill="deepskyblue1", color=
"deepskyblue1")
)
```

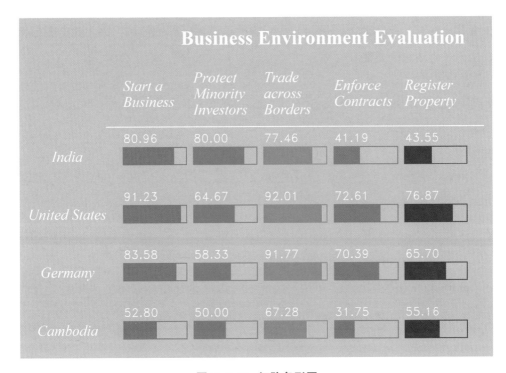

图 6-2-2　矩阵条形图

二、geom_regon

ggforce 包中的 geom_regon 函数可用来绘制正多边形。

```
ggplot()+coord_fixed()+
    geom_regon(aes(x0=c(-4, 0, 4), y0=0, angle=c(0, pi/4, 0), r=c(1,
1, 2), sides=c(4, 4, 50)), radius=unit(2, "mm"))
```

geom_regon 函数必需的参数有：x0 和 y0 用于指定中心点坐标；angle 用于指定旋转角度（以弧度计算），即使不作旋转，也要将值设定为 0；r 用于正多边形的大小，其实际意义为中心点到顶点的长度；sides 为边数（如需绘制圆形，设置足够多的边即可）。函数的 fill、color 等参数与 geom_bar 的同名参数相仿。此外，

geom_regon 还可用 unit 设置 radius 参数来让顶点部位变得平滑

我们还可用 geom_regon 绘制形状不随坐标系变化的图形——当我们在不添加 coord_fixed() 的情况下随意拉伸坐标系时，或改用极坐标系时，这些图形都不会发生变化。注意：绘制此类图形时，我们需手动设置坐标轴值域，因为此类图形无法自动对值域进行调整。

```
# 参数设置方法为：将 r 设为一个足够小的值（不能是 0），然后用 unit 设置
expand 参数使得图形向外扩展
ggplot()+xlim(-3, 3)+ylim(-3, 3)+
    geom_regon(aes(x0=0, y0=0, angle=0, sides=4, r=0.001), expand=
unit(2, "cm"))
```

三、geom_circle/ellipse/circle_cm

plothelper 包里的函数，可用来绘制尺寸以厘米为单位且不随坐标系变化的图形。

```
p=ggplot()+xlim(-3, 3)+ylim(-2, 2)
## geom_circle_cm 用 rcm 来指定以厘米为单位的半径。注意：该函数不包含
linetype 参数
p+geom_circle_cm(aes(x=0, y=0), rcm=2, color="red", fill="blue")
```

```
## geom_ellipse_cm 使用 rcm 和 ab 两个参数来控制椭圆的形状，但不能直接控
制长半径和短半径的长度，只能用 ab 来设定图形被 " 压扁 " 的程度（当 ab=1 时图
形为圆形）。angle 用来控制旋转角度，n 用于设定点数
p+geom_ellipse_cm(aes(x=c(-1, 0, 1, 2), y=0, n=50), rcm=1, ab=c(2, 2,
1, 0.5), angle=c(0, pi/6, 0, 0), linetype=2)
```

```
## geom_rect_cm 用 width 和 height 控制矩形的宽和高，用 vjust 和 hjust 调
整位置（0.5 代表不调整）
```

```
p+geom_rect_cm(aes(x=c(-2, 0, 2), y=0), width=1, height=1, vjust=
c(0.5, 1, 0), linetype=2)
```

在以下例子中，一方面，我们为了让图表自行调整尺寸，没有使用 coord_fixed；另一方面，我们希望用一个圆形来强调汇率开始大幅变化的时间点，如果不使用 coord_fixed，就无法保证圆形在绘图设备中显示为圆形。此时，我们就应使用不随坐标系变化的图形。

```
dat=read.csv("usdcny2019.csv", row.names=1) # 课件中的文件
dat=dat[122: 165, ]

D=as.Date(dat$date)
ggplot()+geom_line(na.rm=TRUE, aes(D, dat$close), color=
"blue")+
    geom_circle_cm(aes(x=as.Date("2019-08-01"), y=6.8834), rcm=
1.5, color=NA, fill="red", alpha=0.2)+
    geom_point(aes(x=as.Date("2019-08-01"), y=6.8834), color=
"red", size=2)
```

四、渐变条形图

在使用 geom_bar 绘制的条形图中，每个条形只能有一种颜色，而 plothelper 包中的 geom_shading_bar 绘制的条形图，可以让单个条形拥有渐变色，甚至让不同条形带有不同的渐变色。

geom_shading_bar 的参数有：

- x、y：条形的位置和高度。
- raster：渐变色。当有 n 个条形时，raster 必须是一个包含 n 个颜色向量的列表，以便函数为每个条形分配一套渐变色。若所有条形使用同样的渐变色，则 raster 应是包含一个向量的列表。

127

- width：条形宽度。

- flip：当使用 coord_flip 函数时，务必设置 flip=TRUE（默认为 FALSE）。

- modify_raster、smooth、space：当 modify_raster 取值为 TRUE（默认）时，函数将自动增加颜色的数量，以便使渐变更加平滑。此时，smooth 用于设定每个条形使用的颜色数量（默认值为 15），space 用于设定颜色空间，选项为 "rgb"（默认）或 "Lab"。如果你认为传递给 raster 的渐变色已经被调整好了，可将 modify_raster 设为 FALSE。

- equal_scale：当其为 FALSE（默认）时，每个条形将使用分配给它们的所有渐变色。若将其改为 TRUE，则每个条形只会根据自身长度使用部分渐变色。见以下示例。

- orientation：见第三章第一节关于 coord_flip 的内容。

接下来，我们以 2016 年森林覆盖率数据为例，绘制渐变条形图（图 6-2-3）。

```
dat=read.csv("forest area.csv", row.names=1) # 课件中的文件


dat$Country=scales::wrap_format(9)(dat$Country) # 让长国名自动换行
dat$Country=reorder(dat$Country, dat$Percent)


# 我们既可把 x、y 和 raster 所需的数值分开放置，也可把它们放在 tibble 对象
里，本例将示范后一种方式。为简便起见，我们让所有条形都使用一套渐变色
mycolor=hcl.colors(n=15, palette="viridis") # 选择颜色
mycolor=rev(mycolor)
mycolor=list(mycolor)
tib=tibble(x=dat[, 1], y=dat[, 2], mycolor=mycolor)


ggplot(tib)+coord_flip()+
    geom_shading_bar(aes(x, y, raster=mycolor), smooth=40, flip=TRUE)+
# 请尝试添加 equal_scale=TRUE 并观察效果
    geom_text(aes(x, y, label=round(y, 1)), family="mono",
```

```
fontface=3, size=5, hjust=-0.1)+
    scale_y_continuous(limits=c(0, 80), breaks=seq(0, 80, 20))+
    labs(x=NULL, y=NULL, title="Forest/Land Ratio (%)")+
    theme_minimal(base_size=16)+theme(text=element_text(family=
"mono"))
```

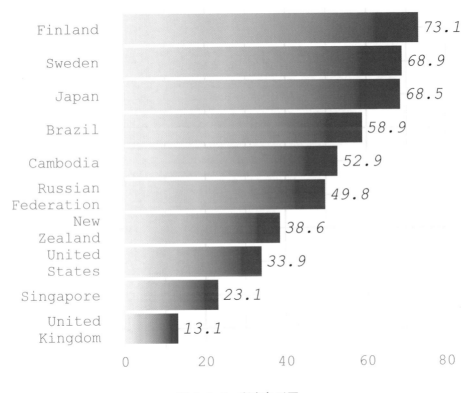

图 6-2-3　渐变条形图

第三节　使用 geom_polygon 绘制多边形

　　无论是什么形状的多边形，只要我们依次给出它的各个顶点，就可以利用 geom_polygon 把它绘制出来。可见，geom_polygon 比那些只能绘制有规律的多边形的函数更加灵活。

```
# install.packages("unikn")
library(unikn) # 使用配色
library(plothelper)
library(ggfittext) # 用于添加文字
library(ggforce) # 使用 geom_shape
```

绘制矩形和等边三角形

```
square=data.frame(x=c(0, 4, 4, 0), y=c(0, 0, 2, 2)) # 矩形的四个顶点无
需计算即可给出，分别是 [0, 0]、[4, 0]、[4, 2]、[0, 2]
triangle=data.frame(x=c(0, 2, 1), y=c(0, 0, 1.732)) # 我们有时要通过计
算得到顶点的位置。在本例中，我们通过计算得知第三个顶点的 Y 坐标为 1.732
ggplot()+coord_fixed()+
    geom_polygon(data=square, aes(x=x, y=y), fill="purple",
color="yellow", linetype=2, size=2)+
    geom_polygon(data=triangle, aes(x=x, y=y), fill="orange")
```

通过分组来一次性绘制多个图形

```
dat=rbind(square, triangle)
dat=data.frame(dat, shape=c(1, 1, 1, 1, 2, 2, 2))
ggplot(dat)+coord_fixed()+
    geom_polygon(aes(x, y, fill=factor(shape)))+
    scale_fill_manual(values=c("1"="purple", "2"="orange"))
```

另一种分配颜色的方式是 aes 函数外使用 fill 参数：矩形有 4 个顶点，所以要重复 4 次 "purple"；三角形有 3 个顶点，所以要重复 3 次 "orange"

```
ggplot(dat)+coord_fixed()+
    geom_polygon(aes(x, y, group=factor(shape)), fill=c(rep("purple",
4), rep("orange", 3)))
```

plothelper 包中的 rotatexy 函数可使多边形旋转。

rotatexy 的 x 参数需使用一个仅有两列的数据框或矩阵（第一列为 X 坐标，第二列为 Y 坐标），如果有多个多边形需要处理，就应如本例一样把它们放到列表里，或者把它们合并为一个矩阵，并用 f 参数指定一列数值用来把它们分割开（在本例中，即为 rotatexy(dat[, -3], f=dat$shape, ...)）。xmiddle 和 ymiddle 用于指定围绕哪个点旋转，可以指定一个点，或者指定跟多边形一样多的点，在本例中，矩阵和三角形分别围绕 [2, 1] 和 [0, 0] 点旋转。angle 用于指定角度，可以指定一个角度，也可以指定跟多边形同样多的角度。函数会自动进行分组并生成名为 "g" 的一列，因此在用 geom_polygon 画图时，我们可以把 aes 函数中的 fill 等参数指向这一列，不过，如果在 rotatexy 中设置 group=FALSE，则 g 列不会产生。todf 参数会使旋转后的多边形合并成单一的数据框，如果要保持列表形式，可设定 todf=FALSE

```
dat2=list(square, triangle)
dat2=rotatexy(x=dat2, xmiddle=c(2, 0), ymiddle=c(1, 0), angle=c(pi/4,
pi/3)) # 结果包含 x、y、g 三列
ggplot(dat2)+coord_fixed()+
    geom_polygon(aes(x, y, fill=factor(g)))
```

　　plothelper 包中的 rectxy 函数能够一次性生成多个矩形的顶点坐标（图 6-3-1a）。rectxy 与 geom_tile/rect 的区别在于，后者并不会给出顶点坐标，而是会直接把图形画出来。

rectxy 用 x 和 y 来指定矩形的位置。x 和 y 可以指矩形中心点（xytype="middle"，默认值）、矩形左边中心点（xytype="left"）或矩形左下角的顶点（xytype="bottomleft"）。a 和 b 用于设定矩形的宽和高，本例绘制了边长为 1 和 0.7 的两个正方形。angle 用于指定旋转角度。此外，rectxy 还跟 rotatexy 一样拥有 group 和 todf 参数

```
dat=rectxy(x=c(0, 0.5), y=c(0, -1.1), xytype="middle", a=c(1, 0.7),
b=c(1, 0.7), angle=c(0, pi/9))
ggplot(dat)+coord_fixed()+theme_void()+
    theme(plot.background=element_rect(colcor=NA, fill="beige"))+
    geom_polygon(show.legend=FALSE, aes(x, y, fill=factor(g)),
```

```
color=NA)+
    scale_fill_manual(values=c("1"="black", "2"="red"))
```

ellipsexy 能够一次性生成多个圆形的坐标（图 6-3-1b）。

图 6-3-1　左 = 图 a 使用 rectxy，右 = 图 b 使用 ellipsexy

ellipsexy 的 x、y、xytype、angle 的使用方法与 rectxy 相同。a 和 b 用来指定椭圆的长半径和短半径（如需绘制圆形，可设置两个相等的值），n 用来指定绘制单个图形时使用的点数

```
an=seq(0, 7*pi/4, by=pi/4)
a=c(2, 1, 2, 1, 2, 1, 2, 1)
b=c(1, 0.5, 1, 0.5, 1, 0.5, 1, 0.5)
dat=ellipsexy(x=0, y=0, xytype="left", a=a, b=b, angle=an, n=50)
fill=rep(c("red", "blue", "yellow", "gray80"), 2)
names(fill)=1: 8
ggplot(dat)+coord_fixed()+theme_void()+
    geom_polygon(show.legend=FALSE, aes(x, y, fill=factor(g)),
color="black", size=2)+
    scale_fill_manual(values=fill)
```

使用包括 ellipsexy 在内的函数可以绘制出一些有趣的抽象图案（图 6-3-2）

图 6-3-2 用 geom_polygon 绘制抽象图案

```
# 生成 70 个圆环或扇形
nx=7; ny=10; seed=123 # 可修改的三个参数

N=nx*ny
dat=expand.grid(1: nx, 1: ny); colnames(dat)=c("x", "y") # 批量生成
中心点
# 生成圆环：随机生成起始角度并传递给 start 和 end 参数
set.seed(seed); cir_start=runif(N, 0, 2*pi); seed=seed+1
set.seed(seed); cir_end=cir_start+runif(N, pi, 1.5*pi); seed=
```

```
seed+1
cir=ellipsexy(dat$x, dat$y, a=0.38, b=0.38, start=cir_start, end=cir_
end, fan=FALSE)
# 生成扇形
set.seed(seed); fan_start=runif(N, 0, 2*pi); seed=seed+1
set.seed(seed); fan_end=fan_start+runif(N, pi, 1.8*pi);
seed=seed+1
fan=ellipsexy(dat$x, dat$y, a=0.25, b=0.25, start=fan_start, end=fan_
end, fan=TRUE) # 当 fan=TRUE 时，输出结果用于画扇形，而当 an=FALSE（默
认）则用于绘制弓形
# 生成颜色
set.seed(seed); cir_color=sample(c("red", "green", "blue", "gray30",
"yellow"), N, TRUE); seed=seed+1
set.seed(seed); fan_color=sample(c("red", "green", "blue", "gray30",
"yellow"), N, TRUE)
# 绘制圆环和扇形，添加半透明矩形和文字
p1=ggplot()+coord_fixed()+theme_void()+
    geom_path(show.legend=FALSE, data=cir, aes(x, y, color=
factor(g)), size=1.2)+ # 这里生成有缺口的圆环时不能用 geom_polygon 而要
用 geom_path
    geom_polygon(show.legend=FALSE, data=fan, aes(x, y, fill=
factor(g)))+
    scale_color_manual(values=cir_color)+
    scale_fill_manual(values=fan_color)
p2=geom_rect(aes(xmin=1-0.2, xmax=7+0.2, ymin=2, ymax=9),
fill="white", alpha=0.85)
p3=geom_fit_text(aes(xmin=1, xmax=7, ymin=2, ymax=9, label="The\
n32nd\nOlympic\nGames"), grow=TRUE, reflow=FALSE, family="mono",
fontface=2)

p1+p2+p3+theme(plot.background=element_rect(fill="cornsilk",
```

```
color="cornsilk"))
```

接下来我们用 geom_polygon 绘制条形图，不过，用来表示数量的图形不再是矩形，而是其他图形。比如，我们希望用看起来像三角形，但又不带顶角的图形代替矩形。这样的图形有很多，我们现在就用简单的正态曲线来绘制（图 6-3-3）。示例中的数据为世界银行发布的营商环境评估的总分数。

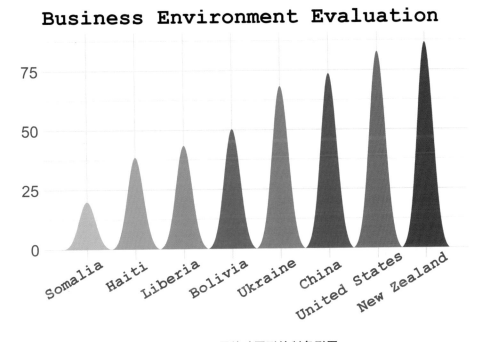

图 6-3-3　用特殊图形绘制条形图

```
# 本例将使用 unikn 包中的一组配色。加载后，用 seecol("all") 查看所有配色
及其名称
dat=read.csv("business small.csv", row.names=1) # 课件中的文件

v=dat$DB2019 # 分值
lab=dat$Name # 标签
width=1 # 为图形指定宽度
# 首先生成一个基础图形。我们最好让这个图形关于 Y 轴对称，因为这样会使对它
```

进行位移变得方便

```
x=seq(-3, 3, 0.05)
y=dnorm(x, sd=1)  # 读者可尝试用 sd 参数来调整最终画出的图形
xy=cbind(x, y)  # 生成基础图形
# 接下来，根据基础图形生成多个条形
n=length(v)
dat=rep(list(xy), times=n)
for (i in 1: n){
    # 用 rescale 调整水平位置（水平位置的中心点就是 1, 2, 3, ...）
    dat[[i]][, 1]=scales::rescale(dat[[i]][, 1], to=c(i-width/2,
i+width/2))
    # 用 rescale 将图形的 Y 坐标调整到从 0 至相应高度的值域中
    dat[[i]][, 2]=scales::rescale(dat[[i]][, 2], to=c(0, v[i]))
}
dat=do.call(rbind, dat)
dat=data.frame(dat, g=rep(1: n, each=nrow(dat)/n))  # 添加分组标记

mycolor=seecol(pal=pal_unikn_pref, n=8)  # pal= 颜色名称，名称不要加引号
names(mycolor)=NULL  # 务必去掉用 seecol 函数生成的各个颜色的名称
ggplot(dat)+
    geom_polygon(show.legend=FALSE, aes(x, y, fill=factor(g)))+
    scale_fill_manual(values=mycolor)+
    scale_x_continuous(breaks=1: n, labels=lab)+
    labs(title="Business Environment Evaluation")+
    theme_minimal()+
    theme(
        axis.title=element_blank(),
        axis.text.y=element_text(size=16),
        axis.text.x=element_text(angle=30, size=16, family="mono",
face=2, hjust=0.8),
        panel.grid.minor.x=element_blank(),
```

```
    plot.title=element_text(size=22, family="mono", face=2)
)
```

下面我们来绘制雷达图。雷达图中，用于表示数值大小的部分可看成是一个多边形，相邻的两条连线之间的夹角相等。我们将使用营商便利程度评估数据来展示作图过程（图 6-3-4）。

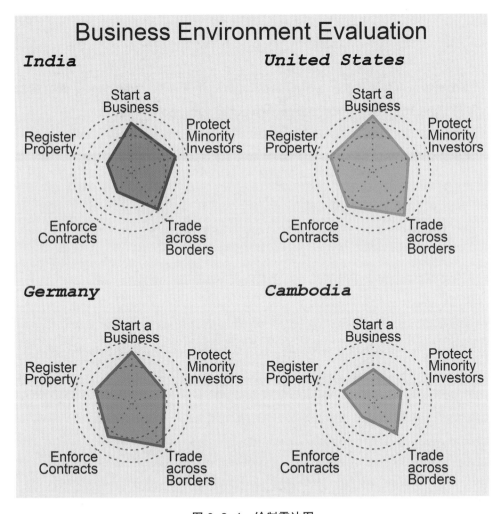

图 6-3-4　绘制雷达图

```
dat=read.csv("db 5dim.csv", row.names=1) # 课件中的文件
```

```
nd=ncol(dat)  # 项目数
n=nrow(dat) # 国家数
```

我们先写出生成单个雷达图位置的函数。在这个函数中，r 参数是被评估对象在各个维度上的取值，x 和 y 是雷达图的中心点。输出的多边形的坐标将会按照从 pi/2 的位置开始顺时针排列

```
radar_pos=function(r, x=0, y=0){
    theta=seq(pi/2, -3*pi/2, length.out=length(r)+1)[1: length
(r)]
    data.frame(x=r*cos(theta)+x, y=r*sin(theta)+y)
}
```

为查看这个函数的效果，我们可以先试着画一个多边形：toy=radar_pos(c(2, 1, 2)); ggplot(toy)+geom_polygon(aes(x, y))+coord_fixed()

```
# 雷达图的四个中心点的坐标
x0=0; y0=0
# 代表 100、80、60 分的同心圆
cir=ellipsexy(x=x0, y=y0, a=c(60, 80, 100), b=c(60, 80, 100))
```

将数据框中每行的向量填充到列表中以便让 ANYxy 函数使用
```
L=as.list(data.frame(t(dat)))
```
用 ANYxy 函数生成多边形。ANYxy 的第一个参数是需用到的函数（此处即 radar_pos），后边的参数均为这个被用到的函数的参数。输出结果中的 g 列用于分组
```
ra=ANYxy(myfun=radar_pos, r=L, x=x0, y=y0)
names(ra)[3]="G"  # 用于表示数值的多边形所带有的分组编号，跟同心圆的分组
```
编号的作用不一样，因此这里把第三列的 "g" 改为 "G"

```
# 设置文字
lab=colnames(dat) # 各维度标签
lab=gsub("\\.", " ", lab) # 将句点变成空格
lab=scales::wrap_format(9)(lab) # 设置每行宽度为 9
```

```
# 仍然使用 ANYxy，生成长为 100（满分为 100 分）的轴线并添加标签
ax=ANYxy(myfun=radar_pos, r=list(rep(100, nd)), x=x0, y=y0,
group=FALSE)
ax=data.frame(ax, xend=0, yend=0, lab=lab)
```

```
# 用于绘制多边形的 ra 数据框包含 G 列，我们可以借助这一列及 facet_wrap 函
数把雷达图画到四个分面图中去。我们将在第七章介绍这一操作和该操作涉及的
theme 函数，所以现在大家只要知道 facet_wrap 可用来完成分面操作即可
country=rownames(dat)
names(country)=as.character(1: n)  # 为向量中的各项赋予名字是为了使用
facet_wrap 函数
ggplot()+coord_fixed(xlim=c(-200, 200), ylim=c(-160, 160),
expand=FALSE)+
    facet_wrap(~G, labeller=labeller(G=country))+
    geom_polygon(data=cir, aes(x, y, group=g), fill=NA, color=
"blue", linetype=3)+
    geom_segment(data=ax, aes(x=x, y=y, xend=xend, yend=yend),
color="blue", linetype=3.5)+
    geom_polygon(show.legend=FALSE, data=ra, aes(x, y, fill=factor(G),
color=factor(G)), size=1, alpha=0.6)+
    scale_color_manual(values=c("#9b1b30", "#F96714", "#2A4B7C",
"#797B3A"))+
    scale_fill_manual(values=c("#9b1b30", "#F96714", "#2A4B7C",
"#797B3A"))+
    geom_text(data=ax, aes(x=x, y=y, label=lab), lineheight=0.7,
vjust="outward", hjust="outward", size=3.5, color="gray10")+
    labs(title="Business Environment Evaluation")+
    theme_void()+
    theme(strip.text=element_text(face=4, hjust=0, size=13, family=
"mono", margin=margin(2, 2, 2, 2, unit="mm")),
        plot.background=element_rect(color=NA, fill="#F3E0BE"),
```

```
        plot.title=element_text(size=17, hjust=0.5, color="grey10")
    )


#=========
# 练习：绘制四个角呈弧形的条形图
#=========
# 除 geom_polygon 外，ggforce 包中的 geom_shape 亦可用于绘制多边形。我们
可用它绘制四个角为弧形而非直角的条形图
library(ggforce)


v=c(1, 2, 3, 5, 4)
dat=rectxy(x=0, y=1: 5, xytype="left", a=v, b=0.8)
ggplot(dat)+geom_shape(aes(x=x, y=y, group=factor(g)), fill="red",
radius=unit(5, "mm"))
```

第四节　包含渐变色或图片的多边形

　　plothelper 包中的 annotation_shading_polygon 用于添加带有渐变色或图片的多边形，annotation_transparent_text 用于添加透明或带有渐变色的文字。

```
library(plothelper)
library(magick)
library(ggfittext)


## 以添加渐变圆形和带渐变效果的图片为例（图 6-4-1）
# 第一步：生成圆形坐标，读入图片
dat=ellipsexy(x=0, y=0, a=1, b=1)
img=image_read("red leaf.png") # 课件中的图片


# 第二步：根据需要生成颜色矩阵
m1=matrix(c(
```

"khaki1", "khaki1", "cyan3",

"khaki1", "cyan3", "darkslateblue",

"cyan3", "darkslateblue", "darkslateblue"), byrow=TRUE, nrow=3)

m1=enlarge_raster(m1, 20) # 增加颜色的数量

m2=colorRampPalette(c("red", "orange", "yellow"))(20)

m2=matrix(m2, nrow=1)

第三步：合并

ggplot()+coord_fixed()+theme_void()+

annotation_shading_polygon(shape=dat, raster=m1)+

annotation_shading_polygon(shape=img, raster=m2, xmin=1, xmax=4,

ymin=-1, ymax=1)

图 6-4-1　渐变多边形

下面我们介绍 annotation_shading_polygon 的参数：

- shape、xmin、xmax、ymin、ymax：多边形及其位置。设置方法为：（a）当 shape 是一个用于绘制多边形并只包含两列（即 X 坐标和 Y 坐标）的数据框时，除非对 xmin 等位置参数进行修改，否则图形会被添加在该数据框所设定的位置。在上例中，当添加圆形时，shape 参数的值就是 dat，一个包含圆形坐标的数据框。（b）当 shape 是已经用 ggplot 画好的、使用数值坐标轴或离散坐标轴

的图表时，函数会根据这个图表的位置，自动确定在新图表上进行绘制的位置（见以下示例），但亦可用 xmin 等位置参数指定一个新位置。（c）当 shape 是用 magick::image_read 读入的 PNG 格式的图片时，必须给出 xmin 等位置参数，否则会报错。

- raster：颜色矩阵、raster 对象或者用 magick::image_read 读入的图片。

- interpolate：当 raster 是颜色矩阵或 raster 对象时，是否对颜色进行平滑处理（默认值为 TRUE）。

- result_interpolate：是否对最后生成图形的颜色进行平滑处理（默认值为 TRUE）。

- shape_trim、raster_trim、result_trim：这三个参数用于确定是否对 shape、raster 以及输出结果进行处理，以便裁剪掉多余的边缘（比如图片的白边）。三个参数的默认值为 NULL，即不裁剪。如果参数值为 0 至 100 的数据，函数将调用 image_trim 函数进行裁剪，数据越大，裁剪掉的边缘越多。

- result：当其为 "layer"（默认）时，输出结果为 ggplot 图层。当其为 "magick" 时，输出结果为 magick 对象。

- res：图片分辨率，默认值为 72。

- width、height：输出图形的尺寸（当 result="magick" 时）或图层的相对尺寸（当 result="layer" 时）。需分情况确定这两个参数，有时要进行多次尝试：（a）在默认状态下，width 为 800，如果图形不够清晰时，可增大 width，或同时调整 width 和 height。（b）height 可用字符的形式设置为比例。比如，当 width=1000 时，若设置 height="0.8"，那么图形的高将为 1000*0.8=800。（c）当 shape 是数据框或已经用 ggplot 绘制好的图表时，若设置 height="coord_fixed"，那么输出图形的高宽比将根据 shape 的高宽比来确定。（d）在未设置 height 并且 raster 是图片时，输出图形的宽和高将等于该对象的宽和高。（e）当 raster 是图片时，若 height="image"，则输出结果的尺寸等同于该图片的尺寸。（f）当 height=NULL（默认）并且 shape 是数据框或已经用 ggplot 绘制好的图表时，函数会自动确定高度，确定方法是：当 shape 的高度过大（大于宽度的 5 倍）时，高度会被强制改为 width*5；当高度过于小（小于宽度的 1/5）时，高度会被改为 width*0.2；如果宽度既未过大也未过小，则按（c）进行设置。

我们来尝试绘制一个包含图片的条形图，数据为 2017 年若干国家的研发投入占 GDP 的比重（图 6-4-2）。

```
dat=read.csv("rd gdp.csv", row.names=1) # 课件中的文件
```

```
# 第一步：绘制条形图。为了简化操作，我们对数据框进行了重排，并且在 geom_
bar 中使用了数值坐标（x=1：n）
n=nrow(dat)
o=order(dat$Value)
dat=dat[o, ]
bar=ggplot()+geom_bar(aes(x=dat$Value, y=1: n), stat="identity",
orientation="y")
```

```
# 第二步：读入图片
img=image_read("chips.jpg") # 课件中的文件
```

```
# 第三步：合并
p=ggplot()+annotation_shading_polygon(shape=bar, raster=img,
width=1000, res=144)
v=round(dat$Value, 2)
lab=dat$Country
lab=scales::wrap_format(9)(lab)
p+geom_text(aes(dat$Value, 1: n, label=v), hjust=-0.2, size=5,
fontface=3, color="darkgreen")+
    geom_fit_text(aes(xmin=2, xmax=4, ymin=0.55, ymax=3.5, label="R
& D\nExpenditure\n(% of GDP)"), grow=TRUE, reflow=FALSE, fontface=2,
place="bottomright", color="chocolate1")+ # 将图片名称添加到右下角
```

```
    scale_x_continuous(name=NULL, limits=c(0, 4), expand=
expansion(0.01))+
    scale_y_continuous(name=NULL, breaks=1: nrow(dat), labels=
lab)+
    theme_void()+
    theme(axis.title=element_text(size=15),
        axis.text.y=element_text(size=12, face=2, color="chocolate1"),
        axis.ticks.y=element_line(size=1.2)
    )
```

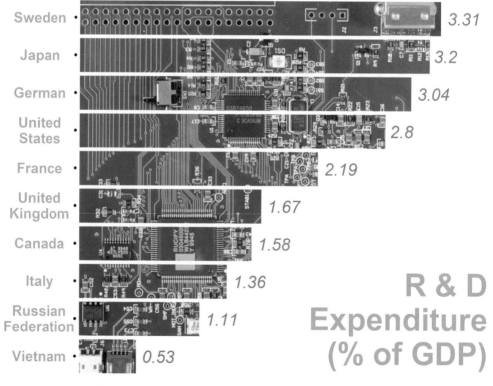

图 6-4-2 用 annotation_shading_polygon 绘制条形图

我们再来绘制一条阴影区域包含渐变色的曲线。本例使用的数据为 2007 至 2017 年全球艺术品销售总额（图 6-4-3）。

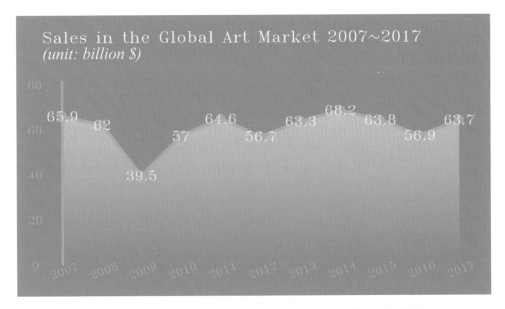

图 6-4-3　用 annotation_shading_polygon 绘制带阴影的曲线

```
dat=read.csv("art0717.csv", row.names=1) # 课件中的文件
```

第一步：绘制带阴影的曲线。为方便后续操作，我们把 X 轴变量改为数值。此处
需要的函数不是 geom_line，而是 geom_area，因为事实上我们需要的是一片阴
影，而不只是一条曲线
```
area=ggplot()+geom_area(data=dat, aes(Year, Value))
```

第二步：生成渐变色。本例只让单一颜色的透明度发生渐变
```
m=scales::alpha("#f7b79e", seq(0.9, 0.01, length.out=20))
m=matrix(m)
```

第三步：合并。注意：为了让最左边的点和文字完整地显示出来，我们去掉了 Y
轴，同时用 geom_line 画了一个假的 Y 轴
```
p=ggplot()+annotation_shading_polygon(shape=area, raster=m,
width=1000, res=144)
p+geom_line(aes(x=min(dat$Year), y=c(0, max(dat$Value)*1.2)),
size=1.5, color="#ee9974")+
```

```
    geom_line(data=dat, aes(Year, Value), color="#ee9974", size=2)+
    geom_point(data=dat, aes(Year, Value), color="#ee9974", size=
5)+
    geom_text(data=dat, aes(Year, Value, label=Value), color=
"lightcyan", size=6.5, family="HersheySerif", fontface=2)+
    scale_x_continuous(name=NULL, breaks=sort(dat$Year))+
    scale_y_continuous(name=NULL, limits=c(0, NA), expand=expansion
(0))+
    labs(title="Sales in the Global Art Market 2007~2017", subtitle=
"(unit: billion $)\n")+
    theme_void()+
    theme(plot.background=element_rect(fill="#38849c"),
        plot.title=element_text(family="HersheySerif", color="lightcyan",
face=2, size=21),
        plot.subtitle=element_text(family="serif", color="lightcyan",
face=3, size=20),
        axis.text=element_text(size=15, family="HersheySerif", face=
2, color="#ee9974"),
        axis.text.x=element_text(angle=20),
        plot.margin=unit(rep(5, 4), "mm")
    )
```

下面来学习 annotation_transparent_text 的使用方法。它的参数有：

- label、xmin、xmax、ymin、ymax：待添加的文字及其位置。
- bg：文字背景。当 bg 为一个颜色值时，文字将会出现在一个有颜色的半透明矩形中。此外，bg 还可以是一个颜色矩阵、raster 对象或由 magick::image_read 读入的图片。
- alpha：由 bg 所指定的颜色的透明度。
- operator：image_composite 函数使用的 operator 参数。当其为 "out"（默认）

时，bg 与 label 重合的部分将会被去掉，从而生成透明文字。当其为 "in" 时，bg 与 label 重合的部分会被保留，从而生成包含渐变色或图片的文字。

- expand：是否为确保文字能够完整显示而对由 xmin、xmax、ymin、ymax 确定的位置进行微小扩展。取值应为两个数值，用于确定 X 坐标和 Y 坐标的扩展比例。默认值为 c(0.05, 0.05)。
- family、fontface、reflow、place、…：传递给 geom_fit_text 的参数（… 指的是 lineheight、angle 等参数）。注意：family 的默认值为 "SimHei"。
- label_trim、bg_trim：是否对由 geom_fit_text 生成的文字框进行裁剪，以及是否对 bg 进行裁剪。两个参数的默认值为 NULL，即不裁剪；如果取 0 至 100 的数值，则值越大裁剪的越多。
- interpolate、result_interpolate、result、res：请参考 annotation_shading_polygon 的同名参数。
- width、height：输出结果的宽和高。这两个参数的使用方法与 annotation_shading_polygon 的同名参数相近。我们要通过反复尝试，来找到合适的设置方法。在下边的示例中，我们使用了三种不同的设置方法。

```
# 示例一：添加放在黑色文字框中的透明文字。注意，我们设置文字框的宽度远大
于高度，在这种情况下，我们既可以不修改 height，也可以根据需要进行修改（图
6-4-4a）
m=colorRampPalette(c("darkolivegreen", "darkolivegreen4", "darkolivegreen3",
"darkolivegreen1", "gold", "darkorange", "orangered"))(20)
m=matrix(m, nrow=1)
ggplot()+xlim(0, 100)+ylim(-0.2, 1.2)+theme_void()+
    coord_cartesian(expand=FALSE)+
    annotation_raster(m, xmin=-Inf, xmax=Inf, ymin=-Inf, ymax=Inf,
interpolate=TRUE)+
    annotation_transparent_text(label="PROTECT\nOUR\nENVIRONMENT",
 xmin=0, xmax=100, ymin=0, ymax=1, bg="black", alpha=0.6, family=
"serif", fontface=2, lineheight=0.8, place="left", expand=c(0.01,
```

0.01), res=144, width=1000, height=600) # 直接为 height 赋值

图 6-4-4　左 = 图 a 添加透明文字，中 = 图 b 添加带渐变色的文字，
右 = 图 c 添加带图片的文字

```
# 示例二：将 operator 改为 "in" 并添加带渐变色的文字（图 6-4-4b）
ggplot()+theme_void()+
    theme(plot.background=element_rect(color=NA, fill="gray20"))+
    annotation_transparent_text(label=" 保护环境 \n 保护森林 ", xmin=0,
xmax=100, ymin=0, ymax=1, bg=m, operator="in", res=144, width=1000,
height="0.5") # height 为比例
# 示例三：将 operator 改为 "in" 并添加带图片的文字。为使字体填满空间，我们
设定 label_trim=0 以便去掉文字框的边缘（图 6-4-4c）
img=image_read("leaf.jpg")
ggplot()+theme_void()+
    theme(plot.background=element_rect(color=NA, fill="aquamarine2"
))+
    annotation_transparent_text(label="PROTECT\nOUR\nENVIRONMENT",
```

```
xmin=0, xmax=1000, ymin=0, ymax=1, bg=img, operator="in",
family="serif", fontface=2, lineheight=0.6, place="left", label_trim=0,
res=144, width=1000, height="image")  # 使用 bg 的宽和高
```

第五节　两分组变量条形图

一、堆积条形图和并列条形图

本书第二章介绍了只呈现一个数值向量的简单条形图的绘制方法，本节将对更为复杂的两分组变量条形图进行讲解。

我们先来用一组记录三个年龄段的人购买四种商品数量的随机生成数据为例，来展示堆积条形图和并列条形图的画法。

```
library(ggplot2)

dat=read.csv("buy.csv", row.names=1)  # 课件中的文件
# 首先要对原始数据进行整理
tab=table(dat$Item, dat$Age)  # 生成交叉表（注意：有时我们拿到手里的数据
本身已经是交叉表了）
dat=as.data.frame(tab)  # 把数据整理成 ggplot 接受的结构
colnames(dat)=c("Item", "Age", "Number")


## 堆积条形图：position 的默认值为 "stack"
# 先按商品分配 X 坐标，再在单个矩形内按年龄分组
ggplot(dat)+geom_bar(aes(x=Item, y=Number, fill=Age), stat=
"identity", position="stack")
# 先按年龄分配 X 坐标，再在单个矩形内按商品分组
ggplot(dat)+geom_bar(aes(x=Age, y=Number, fill=Item), stat=
"identity")


## 并列条形图：此时需设置 position="dodge"
```

```
ggplot(dat)+geom_bar(aes(x=Item, y=Number, fill=Age), stat=
"identity", position="dodge")
```

排列顺序：观察发现，在堆积条形图中，单个条形中的各组是按因子水平从上到下排列的；在并列条形图中，各组是按因子水平从左到右排列的。这意味着我们要通过修改因子水平来改变这个顺序

```
dat$Age2=factor(dat$Age, levels=c("Young", "Middle", "Old"))
ggplot(dat)+geom_bar(aes(x=Item, y=Number, fill=Age2), stat=
"identity")
ggplot(dat)+geom_bar(aes(x=Item, y=Number, fill=Age2), stat=
"identity", position="dodge")
```

宽度
```
# 在并列条形图中，宽度指的是多个并列条形的总宽度
ggplot(dat)+geom_bar(aes(x=Item, y=Number, fill=Age),
stat="identity", position="dodge", width=0.5)
```
我们可以用 position_dodge 函数进一步调整宽度。此时宽度由 geom_bar(width=...) 和 position_dodge(width=...) 共同确定（要保证前者小于后者，以避免条形重叠）。当要增加处于同一个 X 坐标上的几个条形之间的缝隙时，要么减小前者，要么增大后者
```
ggplot(dat)+geom_bar(aes(x=Item, y=Number, fill=Age), stat=
"identity", width=0.6, position=position_dodge(width=0.7))
```

条形等高的堆积条形图
方法一：设置 position="fill"
```
ggplot(dat)+geom_bar(aes(x=Item, y=Number, fill=Age), stat=
"identity", position="fill")
```

方法二：使用百分比（这样每个条形的总高度都是 1）
```
PCT=apply(tab, 1, FUN=function(x)x/ sum(x)) # 用我们最开始生成的交叉表
```
来求百分比

```
PCT=as.data.frame(as.table(PCT)) # 把数据整理成 ggplot 接受的结构
colnames(PCT)=c("Age", "Item", "Percent")
ggplot(PCT)+geom_bar(aes(x=Item, y=Percent, fill=Age), stat=
"identity")
```

二、为两分组变量条形图添加标签

为两分组变量条形图添加标签时，需用到 geom_text/label 中的 position 参数。

```
p=ggplot(data=dat, aes(x=Item, y=Number, fill=Age)) # 条形图和文字图层
使用相同的分组方式
```

```
## 堆积条形图
# position 需指向由 position_stack 设置的位置。在默认状态下（vjust=1），
文字出现在条形的上沿
p+geom_bar(stat="identity")+
    geom_label(show.legend=FALSE, aes(label=Number), position=
position_stack())
# 但多数情况下，我们需要把文字放到条形的中间
p+geom_bar(stat="identity")+
    geom_label(show.legend=FALSE, aes(label=Number), position=
position_stack(vjust=0.5))
```

```
## 并列条形图
# 注意：geom_bar 和 geom_text/label 中的 position_dodge 应设置相等的
width 值
p+geom_bar(stat="identity", position=position_dodge(width=0.7),
width=0.6)+
    geom_text(aes(label=Number), position=position_dodge
(width=0.7), vjust=-0.3) # 此处修改 vjust 参数是为了把文字放得向上些，以
免压住条形上沿
```

```
## 当设置 position="fill" 时，geom_text/label 也需使用 position_fill(vjust=...)
p+geom_bar(stat="identity", position="fill")+
    geom_text(aes(label=Number), position=position_fill(vjust=0.5))


## 翻转坐标轴后，position_stack 和 position_fill 的使用方法不变，position_
dodge 则需设置 hjust，而不再是 vjust
p+coord_flip()+geom_bar(stat="identity")+
    geom_label(show.legend=FALSE, aes(label=Number), position=
position_stack(vjust=0.5))
p+coord_flip()+geom_bar(stat="identity", width=0.6, position=
position_dodge(width=0.7))+
    geom_text(aes(label=Number), position=position_dodge
(width=0.7), hjust=-0.3)


## 当绘制极坐标系中的并列条形图时，可将 hjust 和 vjust 设为 "outward"
p+coord_polar()+
    geom_bar(stat="identity", position=position_dodge(width=0.7),
width=0.6)+
    geom_text(aes(label=Number), position=position_dodge(width=0.7),
hjust="outward", vjust="outward")+
    scale_y_continuous(limits=c(0, max(dat$Number)*1.2)) # 略微拉长 Y
轴以避免文字与 X 轴标签重合


#==========
# 练习：绘制金字塔图
#==========
# 金字塔图实际就是坐标轴两边都有条形的条形图。在作图中，我们需要把放在左
(下)边的值变成负值
v=c(-3, -2, 4, 5)
lab=c("a", "b", "a", "b")
ggplot()+geom_bar(aes(x=lab, y=v, fill=factor(sign(v))), stat=
```

```
"identity")+
    scale_fill_manual(values=c("blue", "red"))+
    geom_text(aes(x=lab, y=v, label=v), position=position_
stack(vjust=0.5))
```

下面我们用 2018 年日本各年龄段的人口数据，来绘制带有渐变色的金字塔图（图 6-5-1）

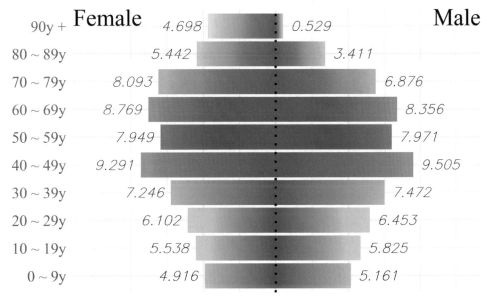

图 6-5-1　用 geom_shading_bar 绘制渐变金字塔图

```
library(plothelper) # 使用 round_text
library(tibble) # 使用 tibble

dat=read.csv("japan age.csv", row.names=1) # 课件中的文件
male=dat[1: 10, ] # 根据性别拆分出两组数据
female=dat[11: 20, ]
```

生成渐变色。注意：画在 Y 轴右边的条形从蓝色渐变到其他颜色，画在 Y 轴左边的条形则相反

```
mycolor=c("steelblue1", "springgreen", "indianred1", "red", "orange",
"gold1")
mycolor=colorRampPalette(mycolor, space="Lab")(10)
color_male=lapply(mycolor, function(x) c("royalblue4", x))
color_female=lapply(mycolor, function(x) c(x, "royalblue4"))
```

将颜色合并到 tibble 数据框中

```
male=tibble(Value=male$Value, Age=male$Age, raster=color_male)
female=tibble(Value=female$Value, Age=female$Age, raster=color_
female)
female$Value=-female$Value # 对女性的数值取负数
```

```
p=ggplot()+
    geom_shading_bar(data=male, aes(x=Value, y=Age, raster=raster),
orientation="y")+
    geom_shading_bar(data=female, aes(x=Value, y=Age, raster=
raster), orientation="y")
```

确保标在图表中的数值显示小数点后三位，并通过加空格的方法使其与条形保持距离

```
f=function(x) paste("", round_text(abs(x)/1000000, 3), "", sep="")
p+geom_vline(aes(xintercept=0), linetype=3, size=1)+
  geom_text(data=male, aes(x=Value, y=Age, label=f(Value)),
hjust="outward", size=5, family="HersheySans", fontface=3)+
  geom_text(data=female, aes(x=Value, y=Age, label=f(Value)),
hjust="outward", size=5, family="HersheySans", fontface=3)+
  scale_x_continuous(expand=expansion(0.25))+
  labs(x=NULL, y=NULL, title="Japan's Population by Age, Sex",
subtitle="(unit: million)\n")+
```

```
 geom_text(aes(x=c(Inf, -Inf), y=c(Inf, Inf), label=c("Male",
"Female")), size=8, hjust="inward", vjust="inward", family="serif")+
 theme_minimal(base_size=15, base_family="serif")+
 theme(axis.text.x=element_blank(), axis.text.y=element_text
(size=15),
   axis.title=element_text(size=20),
   plot.title=element_text(size=22, face=2, hjust=1),
   plot.subtitle=element_text(size=20, face=3, hjust=1)
 )
```

第七章　多图

第一节　分面

一、facet_wrap

我们可以根据数据中的变量把数据拆分成多组，并对每一组数据绘制同类型的子图表，这样的操作就是分面。严格来讲，分面生成的多个子图表并不是独立的，它们共同组成一个完整的图表。

在进行分面操作时，我们常用到 facet_wrap 函数。它的参数有：

- facets：分面变量。例如，如果根据变量 f 对数据进行分组并绘制分面图，就应设定 facets=vars(f)，亦可写成 facets=~f 或 facets="f" 的形式；如果依次根据变量 f 和 g 分面，就设定 facets=vars(f, g)、facets=~f+g 或 facets=c ("f", "g")。

- nrow、ncol：行数和列数。子图表像矩阵中的单元格一样排列，因此我们可以设定把它们排成几行几列。

- scales：控制坐标轴的一致性。默认状态下（"fixed"），所有子图表的坐标轴都是一样的。如果 scales="free"，则每个子图表会根据自身包含的数据范围自动确定坐标轴；如果 scales="free_x"，则只有每个图表的 Y 轴会保持一致；如果 scales="free_y"，则只有 X 轴会保持一致。

- labeller：对分类标签的显示方式进行微调。当 labeller="label_value"（字符）或 labeller=label_value（函数）时，子图表在标注自身的分类时，只显示用于分面变量的取值。当 labeller="label_both" 或 labeller=label_both 时，分面变量的名称和取值都会显示。我们可通过 ?label_value 查到 label_ value 等多个函数的用法。另外，labeller 还可指向用户自己编写的函数，例如，labeller=function(x) label_both(x, sep="=") 将把变量名和取值之间的冒号改为等号。

- dir：子图表排列的方向。默认方向为水平方向（"h"），可改为垂直方向（"v"）。
- strip.position：分类标签的位置。可选项为 "top"（默认）、"bottom"、"left"、"right"。

当进行分面时，theme 函数中的可调整项目为：

- strip.text、strip.text.x、strip.text.y：调整所有分面标签、水平放置的分面标签、垂直放置的分面标签的文字，均使用 element_text。
- strip.background：调整分面标签文字框的背景，需使用 element_rect。

下面我们用营商环境数据来展示分面操作（图 7-1-1）。

```
library(plothelper)
library(ggforce) # 使用 geom_shape
library(dplyr) # 使用 group_by 和 summarize

dat=read.csv("db 5dim.csv", row.names=1) # 课件中的文件

dat=as.data.frame(as.table(as.matrix(dat)))
colnames(dat)=c("Country", "Item", "Score")
Item=gsub("\\.", " ", dat$Item) # 调整项目名称字符
Item=scales::wrap_format(18)(Item)
dat$Item=factor(Item)
n=length(unique(dat$Country)) # 国家数
nitem=length(unique(dat$Item)) # 项目数
lab_name=levels(dat$Item) # 项目名称
dat=data.frame(dat, Item2=as.numeric(dat$Item))
```

```
# 代表满分的条形会被无差别地画在每个子图表中，所以不要为它添加用于分面的
国家名
full=rectxy(x=0, y=1: nitem, a=100, b=0.8, xytype="left")

# 代表分数的条形，需添加用于分面的国家名
score=rectxy(x=0, y=dat$Item2, a=dat$Score, b=0.8, xytype="left")
score=data.frame(score, Country=rep(dat$Country, each=4))


p=ggplot(score)+
    facet_wrap(vars(Country))+
    geom_shape(data=full, aes(x=x, y=y, group=g), fill="khaki",
alpha=0.8, radius=unit(3, "mm"))+
    geom_shape(aes(x=x, y=y, group=g), fill="coral1", radius=unit(3,
"mm"))+
    geom_text(data=dat, aes(x=Score, y=Item2, label=round(Score, 0)),
family="serif", fontface=3, size=5, hjust=1.2, color="white")
p+scale_y_continuous(name=NULL, breaks=1: nitem, labels=lab_name,
expand=expansion(0.02))+
    scale_x_continuous(name=NULL, breaks=c(0, 60, 80, 100), expand=
expansion(c(0.01, 0.1)))+
    labs(title="Business Environment Evaluation")+
    theme(panel.background=element_blank(),
        panel.grid=element_blank(),
        axis.ticks=element_line(color="powderblue"),
        axis.text=element_text(size=14, family="serif", color="powderblue",
lineheight=0.8),
        strip.text=element_text(face=3, family="serif", color="powderblue",
size=18, hjust=0),
        strip.background=element_blank(),
        plot.background=element_rect(fill="grey25", color="grey25"),
```

```
    plot.title=element_text(size=21, family="serif", color=
"powderblue")
  )
```

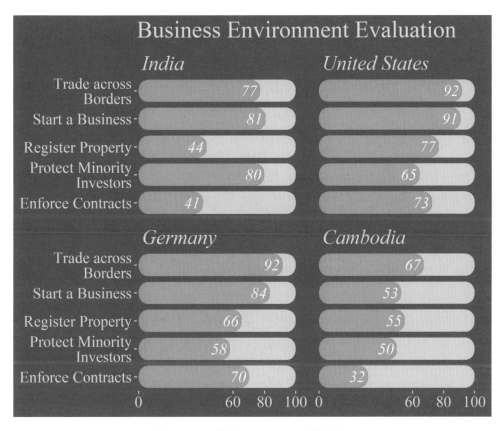

图 7-1-1　使用 facet_wrap 进行分面

```
## 注意: labeller 函数的另一种用法: 用于分面的变量原本是 G, 但通过构建查
询表 check, 可以把 "1" 显示为 "A", 把 "2" 显示为 "B"……
dat=data.frame(x=0, y=0, lab=letters[1: 4], G=1: 4)
check=c("1"="A", "2"="B", "3"="C", "4"="D")
ggplot(dat)+geom_text(aes(x, y, label=lab))+
    facet_wrap(vars(G), labeller=labeller(G=check))
```

```
#=========
# 练习：在分面时为子图表添加不同的文字和渐变矩阵
#=========
# 为不同的子图表添加不同的文字时，需要先生成一个包含分面变量的数据框
add_lab=data.frame(Country=c("India", "United States", "Germany",
  "Cambodia"), text=c("c1", "c2", "c3", "c4"))
p+geom_text(data=add_lab, aes(x=50, y=3, label=text), size=8)


# 添加渐变矩阵
m1=matrix(c("red", "blue"))
m2=matrix(c("orange", "green"))
m3=matrix(c("black", "cyan"))
m4=matrix(c("purple", "yellow"))
# 用 annotation_raster 无法为不同子图表添加不同的渐变矩阵
p+annotation_raster(m1, xmin=0, xmax=50, ymin=0, ymax=3, interpolate=
TRUE)


# 使用 plothelper 包中的 geom_multi_raster，需要先生成一个 tibble 数据框
add_raster=tibble::tibble(Country=c("India", "United States",
"Germany", "Cambodia"), xmin=0, xmax=50, ymin=0, ymax=3, r=list(m1,
m2, m3, m4))
p+geom_multi_raster(data=add_raster, aes(xmin=xmin, xmax=xmax,
ymin=ymin, ymax=ymax, raster=r))
```

二、facet_grid

当两个变量 f 和 g 同时用于分面时，我们既可以如上文所述使用 facet_wrap，也可使用 facet_grid。后者的参数有：

- rows、cols：用于按行、按列排列子图表的变量，写成 facet_grid(rows=vars(f), cols=vars(g)) 或 facet_grid(f~g) 的形式。行和列都可以接受一个以上的值，例

如：facet_grid(f~g+h)。

- scales、labeller：与 facet_wrap 中的同名参数用法相同。

- space：每个子图表所占的面积，是否根据其坐标轴范围自动伸缩。默认为不自动伸缩，但可改为 "free_x"（X 轴自动伸缩）、"free_y"（Y 轴自动伸缩）或 "free"（X 轴和 Y 轴均自动伸缩）。

- switch：标签的位置默认为上方和右方。设置 switch 为 "x"、"y" 或 "both" 可对这两个位置进行调整。

我们用一份关于美国共和党总统竞选初选的调查数据进行示范。数据中的 PRIMVOTE 为受访者支持的候选人，REGION 和 GENDER 是分面变量。

```
dat=read.csv("primary.csv", row.names=1)# 课件中的文件

# 整理数据
dat=group_by(dat, PRIMVOTE, REGION, GENDER)
dat=summarize(dat, Number=n())
dat=as.data.frame(dat)

# 使用 facet_wrap
ggplot(dat)+coord_flip()+
    facet_wrap(vars(REGION, GENDER), nrow=2, labeller=function(x)
label_value(x, multi_line=FALSE))+
    geom_bar(aes(x=PRIMVOTE, y=Number), stat="identity")
# 使用 facet_grid
ggplot(dat)+coord_flip()+
    facet_grid(rows=vars(REGION), cols=vars(GENDER), switch="y")+
    geom_bar(aes(x=PRIMVOTE, y=Number), stat="identity")
```

第二节　添加背景

如果我们只希望在面板上添加背景，那么使用 annotation_raster 即可。

```
library(cowplot) # 需使用 ggdraw、draw_plot 函数
library(plothelper)
library(scales)
library(magick)
library(readxl) # 读取 Excel 文件
library(RColorBrewer) # 使用配色


# 处理图片
img=image_read("two soldiers.jpg") # 课件中的图片
img=image_resize(img, "60%x60%") # 适当缩小图片尺寸
img=image_convert(img, colorspace="gray") # 如有需要，可将图片转化为
黑白图片
# 先在最底层添加图片，再添加其他图层
ggplot()+annotation_raster(img, xmin=-Inf, xmax=Inf, ymin=-Inf,
ymax=Inf)+
    geom_point(aes(1: 10, 1: 10), color="red", size=5)
```

不过，更常见的情况是，我们希望让图片充当整个图表的背景，我们以美国各年度军费数据为例进行说明（图 7-2-1）。

```
dat=read_excel("us military.xlsx") # 课件中的文件
dat=as.data.frame(dat)


# 第一步：通过 annotation_raster 添加图片并生成背景图层
# 为防止图片颜色与其他图层的颜色混在一起，我们在图片上添加一个半透明矩形
（此操作亦可通过 magick::image_colorize 完成）
white=matrix(alpha("white", 0.5))
```

```
bg=ggplot()+theme_void()+
    annotation_raster(raster=img, xmin=-Inf, xmax=Inf, ymin=-Inf,
ymax=Inf)+
    annotation_raster(raster=white, xmin=-Inf, xmax=Inf, ymin=-Inf,
ymax=Inf)
```

第二步：生成呈现数据的图层。注意：要确保面板背景色和整个图表的背景色被
去除，否则背景图片不会显露出来

```
yearlab=seq(1960, 2018, 5)
valuepos=pretty(dat$Value)
valuelab=valuepos/(10^9)
p=ggplot(dat)+
    geom_line(aes(Year, Value), color="orangered", size=1.2,
alpha=0.7)+
    geom_point(aes(Year, Value), color="orangered", size=1.5)+
    scale_x_continuous(breaks=yearlab)+
    scale_y_continuous(breaks=valuepos, labels=valuelab)+
    labs(title="US Military Expenditure\n(unit: billion current
$)")+
    theme_minimal()+
    theme(
        plot.title=element_text(size=25, color="darkgreen", family=
"serif", face=3),
        axis.title=element_blank(),
        axis.text=element_text(color="darkgreen", face=3, size=14,
family="serif"),
        axis.text.x=element_text(angle=20),
        panel.grid=element_line(color="darksalmon"),
        panel.grid.minor.x=element_blank(),
        panel.grid.minor.y=element_blank()
    )
```

# 第三步：用 ggdraw()+draw_plot(...) 的方式合并
ggdraw()+draw_plot(bg)+draw_plot(p, width=0.8, height=0.8, x=0.1, y=0.1)+theme(aspect.ratio=0.7)
# draw_plot 用四个参数控制被添加图层的位置：x 和 y 是被添加图层的左下角的坐标，width 和 height 是宽和高

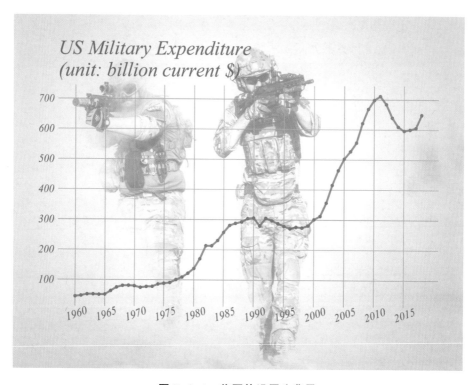

图 7-2-1　将图片设置为背景

我们还可以将渐变色设为背景，以绘制条形图为例进行示范（图 7-2-2）。

```
dat=read.csv("buy.csv", row.names=1) # 前面的章节使用过的文件
```

```
# 整理数据
tab=table(dat$Item, dat$Age)
dat=as.data.frame(tab)
colnames(dat)=c("Item", "Age", "Number")
```

图 7-2-2 将渐变色设为背景

```
# 第一步：生成渐变色
m=c("#EF4868", "#F56B50", "#F48C48", "#F1A955", "#EEC274")
m=colorRampPalette(m, space="Lab")(30)
m=matrix(m, nrow=1)
bg=ggplot()+annotation_raster(m, xmin=-Inf, xmax=Inf, ymin=-Inf,
ymax=Inf, interpolate=TRUE)+theme_void()


# 第二步：生成呈现数据的图层
p=ggplot(dat)+
    geom_bar(aes(x=Item, y=Number, alpha=Age), stat="identity",
fill="white", position=position_dodge(width=0.6), width=0.5)+
    scale_alpha_manual(values=c(0.3, 0.6, 0.9))+
    labs(title="Wine Preferences of Different Ages\n\n")+
    theme_void()+
    theme(
        panel.grid.major.y=element_line(color="grey92"),
        axis.text=element_text(color="white", face=2, size=20,
```

```
family="mono"),
        legend.position="bottom",
        legend.box.spacing=unit(1, "cm"),
        legend.title=element_text(color="white", family="mono",
size=25),
        legend.text=element_text(color="white", family="mono",
size=18),
        plot.title=element_text(color="white", size=22, family=
"mono", face=2, hjust=0.5)
    )
```

```
# 第三步：合并
ggdraw()+draw_plot(bg)+draw_plot(p, width=0.8, height=0.8, x=0.1,
y=0.1)+theme(aspect.ratio=0.6)
```

```
#==========
# 练习：添加半透明渐变色
#==========
# 我们继续使用上例中的图层进行示范
wine=image_read("red wine.jpg") # 课件中的图片
```

```
# 同时以图片和渐变色为背景（图 7-2-3）
n_each_col=50
grey=matrix("grey15", nrow=6, ncol=n_each_col)
grey[2, ]=rainbow(n_each_col, end=5/6)
grey=apply(grey, 2, FUN=function(x) alpha(colorRampPalette(x)(30),
0.7))
bg2=ggplot()+theme_void()+
    annotation_raster(raster=wine, xmin=-Inf, xmax=Inf, ymin=-Inf,
ymax=Inf)+
    annotation_raster(raster=grey, xmin=-Inf, xmax=Inf, ymin=-Inf,
```

```
ymax=Inf, interpolate=TRUE)
ggdraw()+draw_plot(bg2)+draw_plot(p, width=0.8, height=0.8, x=0.1,
y=0.1)+theme(aspect.ratio=0.6)
```

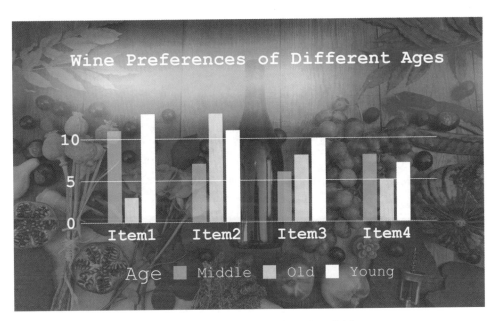

图 7-2-3　同时以图片和渐变色为背景

```
# 在最上层添加半透明渐变色（图 7-2-4）
wine_black=image_colorize(wine, opacity=60, color="black")  # 用半透
明矩形覆盖
bg3=ggplot()+theme_void()+
    annotation_raster(raster=wine_black, xmin=-Inf, xmax=Inf, ymin=
-Inf, ymax=Inf)
n_each_row=90
seq_alpha=seq(0.6, 0.05, length.out=n_each_row)
upper=colorRampPalette(c("blue", "white", "red"))(30)
upper=rep(list(upper), n_each_row)
upper=do.call(cbind, upper)
upper=t(apply(upper, 1, alpha, alpha=seq_alpha))
```

```
upper=ggplot()+annotation_raster(raster=upper, xmin=-Inf, xmax=Inf,
ymin=-Inf, ymax=Inf, interpolate=TRUE)+theme_void()
ggdraw()+draw_plot(bg3)+draw_plot(p, width=0.8, height=0.8, x=0.1,
y=0.1)+theme(aspect.ratio=0.6)+draw_plot(upper)
```

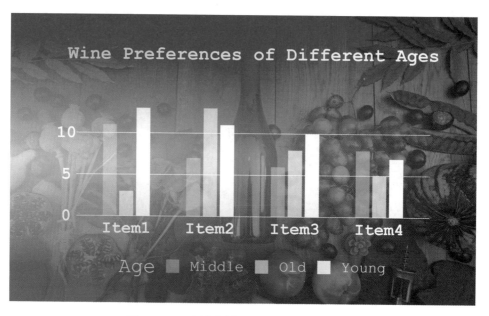

图 7-2-4　在图表最上层添加半透明渐变色

```
#=========
# 练习：利用有特定功能的函数生成背景
#=========
```

本例继续使用上例中的图层进行示范，介绍如何将维诺图（Voronoi diagram）
和网络图设置为背景。感兴趣的读者可自行学习这两种图表的绘制方法

在维诺图中，多边形中各点到其内部生成点的距离，小于到其他生成点的距离。
不过本例并不用维诺图来呈现任何数据，只是让随机生成的图形充当背景（图 7-2-
5a）

```
install.packages("ggvoronoi")
library(ggvoronoi) # 使用 geom_voronoi
```

```
n=180 # 生成点的个数
set.seed(1); xpos=runif(n, 0, 10) # 随机产生多边形的生成点的坐标
set.seed(2); ypos=runif(n, 0, 5)
set.seed(3); rdcolor=sample(1: 2, n, TRUE) # 2 个取值对应于后面将使用
的 2 个颜色
set.seed(4); rdalpha=runif(n)
bg4=ggplot()+theme_void()+coord_cartesian(expand=FALSE)+
    geom_voronoi(show.legend=FALSE, aes(x=xpos, y=ypos, fill=
factor(rdcolor), alpha=rdalpha), color=NA)+
    scale_fill_manual(values=c("#947FEE", "#F575B2"))+
    scale_alpha_continuous(range=c(0.7, 1))
ggdraw()+draw_plot(bg4)+draw_plot(p, width=0.8, height=0.8, x=0.1,
y=0.1)+theme(aspect.ratio=0.6)


# 同理，我们接下来也并非要用网络图呈现特定数据，而只是以它为图表背景（图
7-2-5b）
# install.packages("ggraph")
library(ggraph) # 使用 geom_edge_link、geom_node_point 等


node_number=40
g=expand.grid(1: node_number, 1: node_number) # 生成节点
set.seed(1);   link=sample(c(0, 1), node_number^2, TRUE, prob=
c(0.97, 0.03)) # 生成边
g=data.frame(g, link)
g=g[g$link != 0, ]
g=graph_from_data_frame(g)
bg_graph=ggraph(g, layout="sphere")+
    geom_edge_link(edge_color="red", edge_alpha=0.45)+ # 绘制边
    geom_node_point(color="red", size=5, alpha=0.55)+ # 绘制节点
    theme_void()
black_grey=colorRampPalette(c("grey10", "grey30", "grey10"))(40)
```

```
black_grey=matrix(black_grey, nrow=1)
bg5=ggplot()+theme_void()+
    annotation_raster(black_grey, -Inf, Inf, -Inf, Inf, interpolate=
TRUE)
ggdraw()+draw_plot(bg5)+draw_plot(bg_graph)+draw_plot(p, width=0.8,
height=0.8, x=0.1, y=0.1)+theme(aspect.ratio=0.6)
```

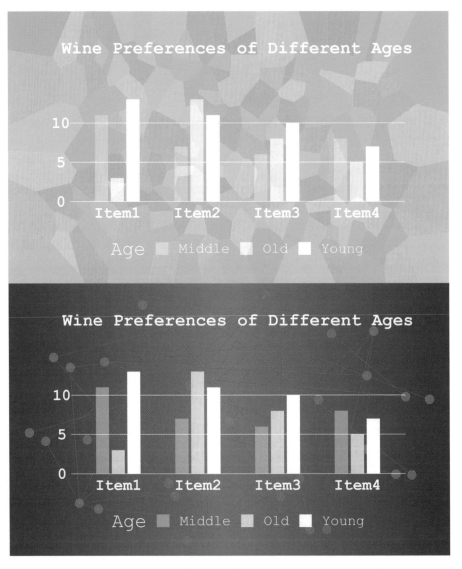

图 7-2-5　上＝图 a 以维诺图为背景，下＝图 b 以网络图为背景

　　我们接下来尝试把在极坐标系中绘制的饼图放到背景图上去，本例中的数据为全球艺术品拍卖市场的成交量占比（图7-2-6）。

图7-2-6　绘制饼图并添加背景

```
dat=read.csv("art volume.csv", row.names=1) # 课件中的文件
```

```
# 第一步：生成背景图层
img=image_read("write board.jpg") # 课件中的图片
img=image_colorize(img, opacity=15, color="black")
bg=ggplot()+theme_void()+
    annotation_raster(img, xmin=-Inf, xmax=Inf, ymin=-Inf, ymax=
Inf)
```

```
# 第二步：生成呈现数据的图层
# 在极坐标系中的扇面的圆心角正比于在笛卡尔坐标系中的矩形在 X 轴上的宽度，
因此我们首先用 geom_tile 来绘制矩形
v=dat$Volume
```

end=cumsum(v) # 矩形的右边界

mid=end-v/2 # 矩形的中心等于右边界减宽度的二分之一

mycolor=brewer.pal(n=nrow(dat), name="Paired") # 提取颜色

p=ggplot()+coord_polar(start=0, clip="off")+ # 设置 clip="off" 是为确保文字完整显示

    geom_tile(show.legend=FALSE, aes(x=mid, y=0.5, width=v, height=1, fill=factor(1: length(v))), alpha=0.5)+ # 为方便起见，把矩形的上下边界设为 1 和 0

    scale_fill_manual(values=mycolor)+

    geom_segment(aes(x=mid, y=0.9, xend=mid, yend=1.05), color="white", alpha=0.8)+ # 文字与扇面的连接线

    labs(title="Fine Art Auction Market Global Share\nby Volume in 2017")

第三步：添加标签

lab_text=as.character(dat$Country)

lab_text=paste(lab_text, ": ", v*100, "%", sep="")

如果要把文字标注到扇面上，那么 geom_text 中的 Y 坐标应当是一个小于 1 的数，例如，我们可设置 geom_text(aes(x=mid, y=0.5, label=lab_text))。不过现在我们要把文字都放到扇面外，所以需设置一个略大于 1 的数，并把 vjust 和 hjust 都设为 "outward"

p=p+geom_text(aes(x=mid, y=1.05, label=lab_text), vjust="outward", hjust="outward", size=5, color="white")+

    theme_void()+

    theme(plot.title=element_text(hjust=0.5, color="white", size=22, face=2))

第四步：合并

ggdraw()+draw_plot(bg)+draw_plot(p, x=0.25, y=0, width=0.5, height=1)+theme(aspect.ratio=0.66)

利用本书第一章介绍的 image_composite 函数，我们还可以生成纹理效果（图 7-2-7）。

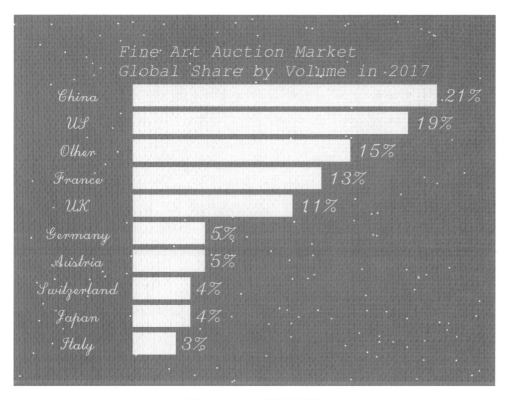

图 7-2-7　生成纹理效果

```
dat=read.csv("art volume.csv", row.names=1) # 课件中的文件

dat$Country=reorder(dat$Country, dat$Volume)
dat=data.frame(dat, PCT=paste(100*dat$Volume, "%", sep=""))

# 第一步：生成背景
img=image_read("canvas.jpg") # 课件中的图片

# 第二步：生成充当星光的随机点，画条形图，合并图表
set.seed(1); px=runif(200, 0, 1)
```

```
set.seed(2); py=runif(200, 0, 1)
set.seed(3); pcolor=sample(c("yellow", "khaki", "white", "gold"), 200,
replace=TRUE)
star=ggplot()+geom_point(aes(px, py), size=3, color=pcolor)+theme_
void()+theme(plot.background=element_rect(fill="midnightblue",
color="midnightblue"))


p=ggplot(dat)+coord_cartesian(clip="off")+
    geom_bar(show.legend=FALSE, aes(x=Volume, y=Country),
stat="identity", fill="yellow", width=0.8, orientation="y")+
    geom_text(aes(x=Volume, y=Country, label=PCT), hjust=-0.2,
size=30, family="HersheyScript", fontface=2, color="khaki")+
    labs(title="Fine Art Auction Market\nGlobal Share by Volume in
2017")+
    theme_void()+
    theme(axis.text.y=element_text(size=80, family="HersheyScript",
face=2, color="khaki"),
        plot.title=element_text(family="mono", size=80, face=3,
color="khaki")
    )


add_up=ggdraw()+draw_plot(star)+draw_plot(p, x=0.1, width=0.8,
y=0.1, height=0.8)


# 第三步：用 image_composite 处理
res=image_graph(width=2400, height=1800, bg="transparent")
print(add_up)
dev.off()
img=resize_to_standard(img, res, scale=TRUE) # 确保两张图片尺寸一致
y=image_composite(img, res, gravity="center", operator="blend",
compose_args="60") # 将 operator 设为 "blend"，并通过反复尝试找到
```

compose_args 的合适取值

```
#==========
# 练习：月亮图
#==========
# 月亮图，可以用不同圆缺程度的月亮形，代替包含两个分类的饼图，或者用于表
示分数、比例、进度的条形图
# install.packages("gggibbous")
library(gggibbous)
```

```
# geom_moon 有两个特殊的参数：ratio 为 0 至 1 的数值，用于设定圆缺程度。
right 用于设定是否从圆形右侧开始绘制。我们有时可能需要用带有不同颜色或透
明度的点来代表整个圆形，此时我们要明确设置月亮形和点的尺寸，以便使二者匹
配起来
ggplot()+
    geom_moon(aes(x=1: 5, y=1, ratio=seq(0.2, 1, 0.2)), fill=
"red", color="blue", right=TRUE, size=6: 10)+
    geom_point(aes(1: 5, 1), color="red", alpha=0.2, size=6: 10)
```

```
# 我们以若干国家受访者政治知识测验得分数据为例，进行示范（图 7-2-8）。单
元格中的数值是各国 / 各不同教育水平受访者答题正确率的均值以及总题数比例的
均值
```

```
dat=read.csv("political knowledge.csv", row.names=1) # 课件中的文件
```

```
dat=as.data.frame(as.table(as.matrix(dat))) # 整理数据
colnames(dat)=c("Country", "Education", "Score")
dat$Education=gsub("_", "\n", dat$Education)
p=ggplot(dat)+
    geom_point(show.legend=FALSE, aes(Education, Country,
color=Country), alpha=0.2, size=18)+ # 整个圆形
```

```
    geom_moon(show.legend=FALSE, aes(Education, Country, ratio=
Score, fill=Country, color=Country), size=18)+ # 月亮形
    geom_text(aes(Education, Country, label=round(Score*100, 0)),
size=5, vjust=-2.5, color="grey90", family="mono", fontface=2)+ # 用
百分制表示分数
    scale_color_manual(values=c("#7AA892", "yellowgreen", "indianred1",
"steelblue1"))+
    scale_fill_manual(values=c("#7AA892", "yellowgreen", "indianred1",
"steelblue1"))+
    scale_x_discrete(position="top")+
    labs(title="Political Knowledge Test Score\n")+
    theme_void()+
    theme(
        axis.line.x=element_line(color="grey85"),
        axis.ticks.y=element_line(color="grey85"), axis.ticks.length=
unit(2, "mm"),
        axis.text=element_text(color="grey90", size=18, family=
"mono", face=2),
        axis.text.y=element_text(hjust=1),
        plot.title=element_text(color="grey85", size=21, hjust=1,
family="serif"),
        plot.margin=unit(rep(3, 4), "mm")
    )

m=colorRampPalette(c("#513252", "#005688"))(40)
bg=ggplot()+theme_void()+
    annotation_raster(m, -Inf, Inf, -Inf, Inf, interpolate=TRUE)

ggdraw()+draw_plot(bg)+draw_plot(p)
```

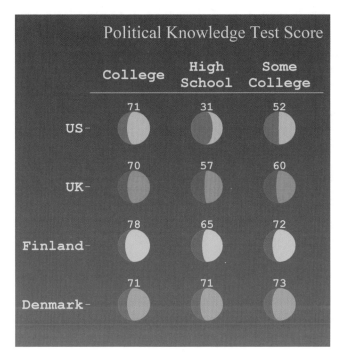

图 7-2-8　月亮图

```
#=========
# 练习：渐变环形图
#=========
```

除了月亮图外，我们还可使用环形图来对分数、比例、进度进行可视化。在下边的例子中，我们用渐变环形图来呈现两个百分比（图 7-2-9）。由于用 annotation_raster 添加的渐变矩形无法在极坐标系中使用，所以我们使用的方法是绘制大量带有单一颜色的矩形。矩形的数量越多，渐变效果越好

```
library(cowplot)
library(dplyr)
library(magick)

value=data.frame(
    all_score=c(81, 66), # 待呈现的百分比是 81% 和 66%
    all_name=c("Company", "Government")
)
```

```
full_score=100 # 可以取到的最大值是 100%
all_use_n=1000 # 当数值为 100% 时, 拟使用的矩形的数量
all_color=colorRampPalette(c("aquamarine", "chartreuse", "indianred1",
"orangered"))(all_use_n) # 当数值为 100% 时, 拟使用的全部颜色

end_color=all_color[1: ceiling(all_use_n*max(value$all_score)/full_
score)] # 本例用到的全部颜色, 即用于呈现本例中的最大值 81% 时用到的颜色
info=mutate(value, use_n=ceiling(all_use_n*all_score/full_score),
width=all_score/use_n) # 代表 81% 和 66% 的图层使用的矩形数和矩形的宽
xmiddle=mapply(seq, from=info$width/2, to=info$all_score,
by=info$width) # 计算矩形的中心点

# 生成符合 geom_tile 需要的数据
dat=data.frame(
    info[rep(1: nrow(info), times=info$use_n), ],
    xmiddle=unlist(xmiddle)
)
```

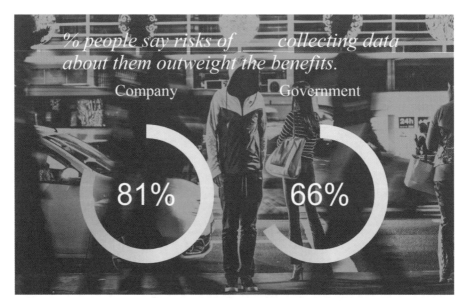

图 7-2-9　渐变环形图

```
text_dat=mutate(value, add_text=paste(all_score, "%", sep="")) # 添
```
加文字使用的数据框

第一步：生成环形图。注意：为了生成极坐标系中的环形，我们把 Y 轴值域设为
0 至 1，把所有矩形设定为：中心点 Y 坐标为 0.9，高为 0.2

```
p=ggplot(dat)+coord_polar()+xlim(0, 100)+ylim(0, 1)+
    facet_wrap(vars(all_name), nrow=1)+
    geom_tile(show.legend=FALSE, aes(x=xmiddle, y=0.9, width=width,
fill=xmiddle), height=0.2)+
    scale_fill_gradientn(colors=end_color)+
    geom_text(data=text_dat, aes(0, 0, label=add_text), size=13,
color="grey95")+
    labs(title="% people say risks of  ___  collecting data\nabout
them outweight the benefits.")+
    theme_void()+
    theme(strip.background=element_blank(),
        strip.text=element_text(size=20, family="serif", margin=
unit(rep(4, 4), "mm"), color="grey95"),
        plot.title=element_text(size=25, family="serif", face=3,
color="grey95")
    )
```

第二步：生成背景
```
img=image_read("street.jpg")
img=image_colorize(img, opacity=55, color="black")
bg=ggplot()+theme_void()+
    annotation_raster(img, xmin=-Inf, xmax=Inf, ymin=-Inf,
ymax=Inf)
```

第三步：合并
```
ggdraw()+draw_plot(bg)+draw_plot(p, x=0, y=0.05, width=1, height=0.9)
```

第三节　嵌套图表

嵌套图表，就是放置在大图表中的小图表。ggplot2 包中的 ggplotGrob 和 annotation_custom 函数可用于绘制嵌套图表。

```
library(plothelper) # 使用 round_text
```

```
## 把两个小图表放到大图表中
# 第一步：绘制大图表
p=ggplot()+geom_point(aes(x=1: 10, y=1: 10))
```

```
# 第二步：绘制小图表并用 ggplotGrob 将图表转化成 grob 对象
p1=ggplot()+geom_point(aes(1: 5, 1: 5))+theme(plot.background=
element_rect(fill="yellow"))
p2=ggplot()+geom_bar(aes(1: 5, 1: 5), stat="identity")+theme_
void()+theme(plot.background=element_rect(fill=NA, color="green",
size=5)) # 注意：要确保小图表不会完全遮挡大图表，要修改小图表背景和面板
的填充色
p1_grob=ggplotGrob(p1)
p2_grob=ggplotGrob(p2)
```

```
# 第三步：用 annotation_custom 把小图表添加到大图表中，用 xmin 等参数设定
位置（当无法确定边界时用 Inf 或 -Inf 代替）
p+annotation_custom(grob=p1_grob, xmin=5, xmax=10, ymin=5, ymax=
15)+
    annotation_custom(grob=p2_grob, xmin=2.5, xmax=Inf, ymin=-Inf,
ymax=5)
```

下面我们要把若干国家 2018 年军费绘制成条形图，并把近十年来的军费绘制成折线图添加到条形图上（图 7-3-1）。

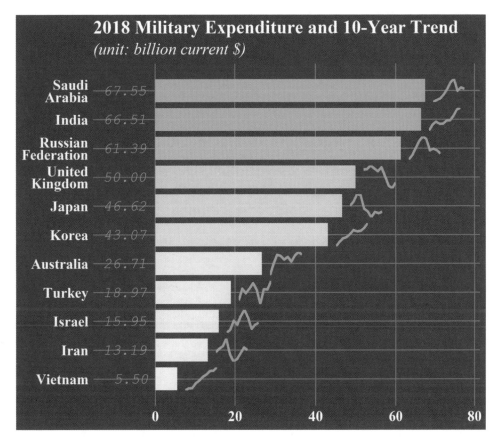

图 7-3-1　绘制嵌套图表

```
dat=read.csv("military expd.csv", row.names=1) # 课件中的文件
o=order(dat["2018", ]) # 注意：为方便后续操作，我们把各列按照 2018 年数
据的大小进行重排
dat=dat[, colnames(dat)[o]]


# 整理数据
dat=round(dat/(10^9), 2) # 以十亿美元为单位
country=colnames(dat)
country=gsub("\\.", " ", country)
country=scales::wrap_format(10)(country)
n=length(country)
```

```
year=as.numeric(rownames(dat))
v2018=as.numeric(dat["2018", ]) # 提取 2018 年数据用于画条形图


# 第一步：绘制条形图
bar=ggplot()+
    geom_bar(show.legend=FALSE, aes(x=v2018, y=1: n, fill=v2018),
stat="identity", width=0.8, alpha=0.9, orientation="y")+
    scale_fill_continuous(low="darkseagreen1", high=
"darkseagreen4")+
    scale_y_continuous(breaks=1: n, labels=country)


# 第二步：绘制折线图。在 for 循环中，我们先绘制折线图并将其转化成 grob 对
象，再把它传递给 annotation_custom，并放入列表 L 中
width=8 # 确定一个合适的宽度
height=0.8 # 高度最好与条形图中条形的宽度相同
L=as.list(rep(NA, n))
for (i in 1: n){
    iv=dat[, i]
    ip=ggplot()+geom_line(aes(x=year, y=iv), size=1.2, color=
"indianred")+coord_cartesian(expand=FALSE)+theme_void()
    ip=ggplotGrob(ip)
    L[[i]]=annotation_custom(grob=ip,
        xmin=v2018[i]+2, # 加上一个较小的数值，以确保小图表与条形之间
有空隙
        xmax=v2018[i]+2+width,
        ymin=i-height/2,
        ymax=i+height/2
    )
}
```

```
# 第三步：把条形图跟列表 L 合并
v2018_lab=round_text(v2018, 2)
bar+L+
    scale_x_continuous(limits=c(0, max(v2018)+2+width), expand=
expansion(c(0.2, 0.05)))+ # X 轴左边留出空间放置文字
    geom_text(aes(x=0, y=1: n, label=v2018_lab), size=5, color=
"indianred3", family="mono", fontface=3, hjust=1.2)+
    labs(title="2018 Military Expenditure and 10-Year Trend",
subtitle="(unit: billion current $)")+
    theme_minimal(base_family="serif")+
    theme(axis.title=element_blank(),
        axis.text=element_text(face=2, size=14, lineheight=0.7,
color="grey95"),
        panel.grid.minor=element_blank(),
        panel.grid.major=element_line(color="#374437"),
        plot.title=element_text(face=2, size=18, color="grey95"),
        plot.subtitle=element_text(face=3, size=16, color="grey95"),
        plot.background=element_rect(fill="grey10", color=NA)
    )
```

第四节　并列多图

本节将介绍使用 gridExtra、cowplot 等 R 包合并多个独立图表的操作。

一、grid.arrange

我们可以用 gridExtra 包中的 grid.arrange 方便地把多个并列图表合并起来。

```
# install.packages("gridExtra")
library(gridExtra)
library(ggplot2)
library(grid) # 使用 grid.rect、grid.text
library(cowplot) # 使用 ggdraw、draw_grob、draw_plot、plot_grid
```

```
# 先生成多个独立图表
basic=ggplot()+geom_point(aes(1: 5, 1: 5))
# 修改背景的填充色和轮廓
p1=basic+theme(plot.background=element_rect(fill="lightgreen",
color="lightgreen"))
# 只修改背景填充色，而不修改轮廓，会导致图表周围有白边
p2=basic+theme(plot.background=element_rect(fill="lightgreen"))
# 设置 coord_fixed()
p3=basic+coord_fixed()+theme(plot.background=element_rect
(fill="lightgreen", color="lightgreen"))
# 当去掉背景和面板时，整个图表的背景会显露出来
p4=basic+labs(y="Very Long Title")+theme(plot.background=element_
blank(), panel.background=element_blank(), axis.title.y=element_
text(angle=0, vjust=0.5))


## 用 grid.arrange 合并并调整放置方式
grid.arrange(p1, p2, p3) # 亦可用 grobs=list(p1, p2, p3) 的形式选择图表
# 像生成矩阵一样用 nrow 或 ncol 设置行数和列数
grid.arrange(p1, p2, p3, ncol=2)
# 以矩阵的形式明确放置方式并调整图表大小。矩阵中的数字代表放置顺序，NA 代
表不放置任何东西
pos=matrix(c(
    1, 1, 1,
    2, NA, NA), nrow=2, byrow=TRUE)
grid.arrange(p1, p2, layout_matrix=pos)


## 如果不希望每个子图表的面积相同，可使用 widths 和 heights 调节大小，这
两个参数的值，要么是用 unit 设置的绝对尺寸，要么是相对数值（例如，widths=
c(1, 3) 表示第二列的宽度是第一列的三倍）。这两个参数的长度由实际行数和列数
决定。本例中的图表有两行两列，所以此处要给出两个宽度值、两个高度值
grid.arrange(p1, p2, p3, ncol=2, widths=c(1, 3), heights=unit(c(8,
```

```
4), "cm"))
```

要强调的是，在保存由 grid.arrange 生成的图表时，我们必须明确为 ggsave 指定要保存的图表。

```
# 生成图表并赋值: p=grid.arrange(...)
# 保存: ggsave(" 文件名 ", plot=p)
```

grid 包可用于为合并后的图表添加元素（我们已经在第五章介绍了用 grid 包添加文字和线条的方法）。

```
# 第一步: 用 rectGrob 函数添加矩形可用于修改整个图表的背景
bottom=rectGrob(gp=gpar(fill="khaki", col="khaki"))
```

```
# 第二步: 排列图表
p=grid.arrange(p1, p2, p3, p4, ncol=2)
```

```
# 第三步: 用 textGrob 添加文字
cha=textGrob(label="Combine Plots", x=0.5, y=0.5, gp=gpar
(col="darkred", alpha=0.7, fontsize=30))
```

```
# 第四步: 合并。我们先把图表的各部分放在列表中，再用 gList 将它们合并，以
便生成可以保存的图表
final=do.call(gList, list(bottom, p, cha))
grid.newpage() # 使用 grid 包显示图表时需删除前边的图表
grid.draw(final) # 查看图表
# 保存: ggsave(" 文件名 ", plot=final)
```

我们亦可使用 cowplot 包中的函数为合并后的图表添加背景。

```
## 方法一: 由于 bottom、p 和 cha 均为 grob 对象，所以可使用 draw_grob 函数
```

添加

```
ggdraw()+draw_grob(bottom)+draw_grob(p)+draw_grob(cha)
```

```
## 方法二：用 ggplot 添加背景和文字，并用 draw_plot 添加
bottom_gg=ggplot()+theme_void()+
    annotation_raster(matrix("khaki"), xmin=-Inf, xmax=Inf, ymin=-
Inf, ymax=Inf)
cha_gg=ggplot()+theme_void()+
    geom_text(aes(0, 0, label="Combine Plots"), color="darkred",
alpha=0.7, size=15)
ggdraw()+draw_plot(bottom_gg)+draw_grob(p)+draw_plot(cha_gg)
```

二、plot_grid

如果我们要确保各子图表的坐标轴自动对齐的话，可使用 egg 包中的 ggarrange 函数。它的使用方法和 grid.arrange 相似，读者可自行尝试。

接下来我们学习 cowplot 包中的 plot_grid 函数，它不但可以自动对齐坐标轴，而且还会输出 ggplot 图表，方便我们添加其他元素并保存图表。

```
# 排列图表时，为了让 p2 和 p4 的纵坐标轴能够对齐，我们使用了 align 参数，它
的选项为 "none"（默认，不对齐）、"h"（水平对齐）、"v"（垂直对齐）或 "hv"
（两个方向都对齐）。在本例中，p3 没有跟其他图表对齐，是因为它设置了 coord_
fixed()。rel_widths 和 rel_heights 用于指定相对宽度和相对高度。
```

```
p=plot_grid(p1, p2, p3, p4, # 亦可写成 plotlist=list(p1, p2, p3, p4)
    ncol=2, align="v",
    rel_widths=1, rel_heights=c(2, 1)
)
# 如不添加其他元素，此处可直接用 ggsave(" 文件名 ") 保存
```

```
# 由于 plot_grid 生成的对象本身是一个 ggplot 图表，所以我们只要往上添加图
```

层即可。注意：由于ggdraw生成的图表坐标轴范围是从0至1，所以，为了把文字放在中间，x和y均应设为0.5

```
ggdraw()+draw_plot(p)+geom_text(aes(x=0.5, y=0.5, label="Combine
Plots"), color="darkred", alpha=0.7, size=20)
```

plot_grid还有两个跟坐标轴对齐有关的参数：

- scale：子图表缩放比例。取值为单一数值，或者依次与每个图表相对应的多个数值。当其小于默认值1时，图表之间的缝隙会增大。显然，如果修改了缩放比例，图表之间就可能无法对齐了。
- axis：在对齐子图表时，我们还可使用axis参数，它的取值为"t"、"b"、"l"、"r"（分别代表上、下、左、右），以及"tb"、"lr"（分别代表上下、左右）或"tblr"（四个方向同时对齐）。

三、多个图表共用一个图例

在多个并列图表使用相同图例的情况下，我们只须添加一个图例即可（图7-4-1）。

```
# install.packages("ggpubr")
library(ggpubr) # 使用get_legend
library(magick) # 用于读取图片
library(reshape2) # 使用melt
library(dplyr)


# 第一步：绘制不带图例的图表
p1=ggplot()+geom_bar(show.legend=FALSE, aes(x=1: 5, y=1: 5,
fill=factor(1: 5)), stat="identity")
p2=ggplot()+geom_segment(show.legend=FALSE, aes(x=0, xend=5, y=1: 5,
yend=1: 5, color=factor(1: 5)), size=2)
p3=ggplot()+geom_point(show.legend=FALSE, aes(1: 5, 1: 5,
color=factor(1: 5)), size=5)
```

```
# 第二步: 任选一个带图例的图表并完成对图例的修改, 用 ggpubr 包中的 get_
legend 函数提取图例的 grob 对象
p1_fake=ggplot()+geom_bar(aes(x=1: 5, y=1: 5, fill=factor(1: 5)),
stat="identity")+
    scale_fill_discrete(name=" 使用单一图例 ", guide=guide_legend(ncol=2))
leg=ggpubr::get_legend(p1_fake)
```

```
# 第三步: 把图例当成图表进行合并
grid.arrange(p1, p2, p3, leg, ncol=2)
```

当使用 plot_grid 时, 我们同样可使用上述方法添加图例。我们以军费数据为例进行示范 (图 7-4-1)。

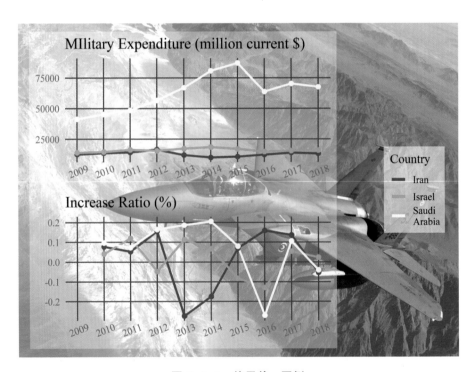

图 7-4-1 使用单一图例

```
dat=read.csv("military expd.csv", row.names=1) # 课件中的文件
dat=dat[, c(4, 5, 9)] # 只选取伊朗、以色列和沙特阿拉伯的数据
```

```
# 整理数据
dat=round(dat/(10^6), 4) # 图表以百万美元为单位
dat=data.frame(dat, Year=as.numeric(rownames(dat)))
dat=melt(dat, id.vars="Year", measure.vars=c("Iran", "Israel",
"Saudi.Arabia"))
colnames(dat)=c("Year", "Country", "Value")
dat$Country=gsub("\\.", "\n", dat$Country)
# 计算增长率
dat=group_by(dat, Country)
increase_fun=function(x) c(NA, diff(x)/x[-length(x)]) # 注意：增长率
的第一个数字应是缺失值
dat=mutate(dat, Increase=increase_fun(Value))
dat=as.data.frame(dat)


# 第一步：添加背景图片
img=image_read("jet.jpg") # 课件中的图片
bg=ggplot()+annotation_raster(img, xmin=-Inf, xmax=Inf, ymin=-Inf,
ymax=Inf)+theme_void()


# 第二步：绘制不带图例的图表
p1=ggplot(dat)+geom_line(show.legend=FALSE, aes(Year, Value,
color=Country), size=1.1)+
    geom_point(show.legend=FALSE, aes(Year, Value, color=Country),
size=2.2)+
    scale_color_manual(values=c("darkred", "coral", "khaki1"))+
    scale_x_continuous(breaks=dat$Year)+
    labs(title="MIlitary Expenditure (million current $)")
p2=ggplot(dat)+geom_line(show.legend=FALSE, na.rm=TRUE, aes(Year,
Increase, color=Country), size=1.1)+
    geom_point(show.legend=FALSE, na.rm=TRUE, aes(Year, Increase,
```

```
color=Country), size=2.2)+
    scale_color_manual(values=c("darkred", "coral", "khaki1"))+
    scale_x_continuous(limits=range(dat$Year), breaks=dat$Year)+
    labs(title="Increase Ratio (%)")
same_theme=theme_minimal(base_size=13, base_family="serif")+
    theme(
        axis.text.x=element_text(angle=20),
        axis.title=element_blank(),
        panel.grid.minor=element_blank(),
        panel.grid.major=element_line(color="#133150"),
        plot.background=element_rect(fill=scales::alpha("white",
0.3), color=NA)
    )

p1=p1+same_theme
p2=p2+same_theme
p=plot_grid(p1, p2, ncol=1, align="v")

# 第三步：生成带图例的图表并从中提取图例
leg=ggplot(dat)+
    geom_line(na.rm=TRUE, aes(Year, Value, color=Country))+
    scale_color_manual(values=c("darkred", "coral", "khaki1"),
guide=guide_legend(override.aes=list(size=1.5)))+
    theme_minimal(base_size=13, base_family="serif")+
    theme(legend.background=element_rect(fill=scales::alpha("white",
0.5), color=NA))
leg=ggpubr::get_legend(leg)

# 第四步：合并。有时，为防止使用 draw_plot 添加的图表交叠，可以在它们占据
的区域之间留出间隙
ggdraw()+draw_plot(bg)+draw_plot(p, x=0.025, y=0.025, width=0.7,
```

```
height=0.95)+draw_grob(leg, x=0.8, width=0.2)


#=========
# 练习：使用 patchwork 包
#=========
# patchwork 包提供了涉及合并图表的更多操作，以下示例对其功能进行了简单展
示，感兴趣的读者可以进一步学习
# install.packages("patchwork")
library(patchwork)


dat=data.frame(x=1: 3, y=1: 3)
p=ggplot(dat, aes(x, y))
p1=p+geom_point()
p2=p+geom_point(shape=15)
p3=p+geom_bar(stat="identity")


# 斜线表示上下并置，竖线表示左右并置
(p1/p2)|p3


# 用 plot_annotation 为整个图表添加标题
((p1/p2)|p3)+plot_annotation(title="Title", subtitle="Subtitle",
theme=theme(plot.title=element_text(color="blue"), plot.
background=element_rect(fill="green")))


# 用加号把多个图表（而不是多个图层）连结起来，用 plot_spacer 生成空白图表
p1+plot_spacer()+p2+p3+plot_layout(nrow=2, ncol=3, byrow=TRUE,
width=c(2, 1, 2), height=c(2, 1))
```

第八章　专题

第一节　互动图表

互动图表，是指显示内容可根据用户操作做出相应改变的图表。能够生成互动图表的 R 包有 apexcharter、plotly、animint2、rAmCharts、ggiraph 等，本节将介绍 ggiraph 包的使用方法。尽管这个包仅可生成相对简单的互动图表，但其使用方法与 ggplot2 包相仿，学习起来相对容易。

我们首先以 2000 年至 2015 年美国枪支销售数据为例，来介绍函数的使用方法。

```
# install.packages("ggiraph")
library(ggiraph)
library(ggplot2)
library(dplyr)
options(scipen=12)

dat=read.csv("gun.csv", row.names=1) # 课件中的文件

# 第一步：生成静态图表
dat=mutate(dat, tip=paste(year, "<br>", "Total  Purchase: ", format
(total, big.mark=", "), sep="")) # 生成一列能够在鼠标指向特定位置时显示
出来的标签。此处需使用 "<br>"（而不是 "\n"）代表换行。注意：标签中的中文
会变成乱码
dat=mutate(dat, te=paste(round(total/1000000, 1), "m", sep="")) # 出
于示范的目的，我们再生成一列字符
```

```
p=ggplot(dat)+
    geom_line(aes(x=year, total), size=1)+
    geom_point_interactive(aes(x=year, y=total, tooltip=tip, data_
id=year), size=4, color="red")+
    geom_text_interactive(aes(x=year, y=total, tooltip=tip, data_
id=year, label=te), vjust=-1)+
    geom_bar_interactive(show.legend=FALSE, aes(x=year, y=total,
fill=factor(year), tooltip=tip, data_id=year), stat="identity",
alpha=0.2)+
    scale_fill_manual(values=rainbow(nrow(dat)))+
    scale_x_continuous(breaks=dat$year)+
    scale_y_continuous(labels=function(x) format(x, big.mark=
", "))+
    theme_minimal()+
    theme(axis.text.x=element_text(size=12, angle=30, hjust=1))
```

```
# 第二步：生成互动图表
girafe(ggobj=p) # 务必写明参数名为 ggobj
```

为了生成互动效果，我们在第一步中把 ggiraph 包中的 geom_point_interactive 函数跟 ggplot2 包中的函数放在一起使用。事实上，ggiraph 包有大量形如 geom_*_interactive 的函数，与 ggplot2 包中的 geom_* 函数相仿。区别在于，在前者中，我们可使用 tooltip 和 data_id 参数：tooltip 用于设定鼠标悬停时的标签，data_id 用于设定鼠标悬停时形状属性的改变，并且使具有相同 data_id 取值的图形属性同时发生改变。在第二步中，我们用 girafe 函数把由第一步生成的静态图表，修改成了互动图表（读者在使用 Rstudio 时，可点击 Show in new window，以便用浏览器查看或保存互动图表）。下面我们来对 girafe 的参数进行调整。

```
## 调整互动图表的宽和高
girafe(ggobj=p, width_svg=6, height_svg=3) # 以英寸为单位，默认值为 6
和 5
```

```
## options 参数的值为一个列表, 这个列表需进一步使用 opts_tooltip 等函数设定
# 鼠标悬停标签的属性均用 opts_tooltip 设定
girafe(ggobj=p,
    options=list(
        opts_tooltip(
            offx=20, offy=-10, # 标签距离图形的距离, 默认值为 10 和 0
            opacity=0.7, # 透明度, 默认值为 0.9
        delay_mouseover=1000, delay_mouseout=3000, # 鼠标悬停多少毫秒
后显示或消除标签, 默认值为 500 和 999
        use_fill=TRUE, use_stroke=FALSE # 是否使用图形的填充色和轮廓,
默认值均为 FALSE
        )
    )
)


## opts_tooltip 还可使用 css 参数
css_cha="color: red; font-size:1cm; font-style: italic; font-
weight: bold; font-family: Bookman Old Style; text-align: center;
line-height: 1.5cm; background-color: orange; padding: 3mm; border-
radius: 5mm; border-style: dotted; border-width: 1mm; border-color:
green"
girafe(ggobj=p, options=list(opts_tooltip(css=css_cha)))


## css 参数的取值为一个字符, 用冒号分隔属性名为取值, 用分号分隔不同的属
性。常用的属性及设置方法有:
# color: red: 文字颜色（使用十六进制表示法, R 中的部分颜色名亦可用）
# font-size: 1cm: 文字尺寸。需加上 cm、px、mm 等单位
# font-style: italic: 正常（normal）、粗体（bold）或斜体（italic）
# font-weight: bold: 不加粗（normal）或加粗（bold）
# font-family: Bookman Old Style: 字体。可使用操作系统里的字体
# text-align: center: 对齐方式。选项为 left、center、right
```

line-height: 1.5cm：行高。取值应大于文字尺寸，并需加上单位

background-color: orange：背景色

padding: 3mm：文字到边框的距离。需加上单位

border-radius: 5mm：边框圆滑程度，需加上单位

border-style: dotted：边框线形。选项为 solid、dashed、dotted

border-width: 1mm：边框宽度。需加上单位

border-color: green：边框颜色

在 options 参数中，使用 opts_hover 函数修改鼠标悬停时，图形属性的变化

```
girafe(ggobj=p,
    options=list(opts_hover(css="fill: green; stroke: blue; stroke-width: 0.5mm"))
)
```

由于我们设置了条形与文字共变，所以文字在鼠标悬停时也有了蓝色边缘，但这并不是我们想要的。此时，我们可把 css 参数指向 girafe_css 函数进行更精细的调整（请用 ?girafe_css 查看使用方法）

```
girafe(ggobj=p,
    options=list(
        opts_hover(
            css=girafe_css(
                css="fill: green; stroke: blue; stroke-width: 0.5mm",
# 通用属性（此处仅用于点的属性）
                text="stroke: none; fill: magenta", # 文字属性
                area="stroke: gold; fill: grey" # 面的属性（此处为条形的属性）
            )
        )
    )
)
```

opts_zoom 函数用于设置放大。使用者可使用图表右上角的按钮或点击图表来放

大图表

```
girafe(ggobj=p, options=list(opts_zoom(max=5)))  # 设定最大放大倍数
为 5


#==========
# 练习：用互动图表呈现基尼系数
#==========
```

在图 8-1-1 中，X 轴和 Y 轴的值域相同。点落在 45 度线上，意味着税前和税后基尼系数相等。而事实上，所有点均位于该线以下，意味着税后基尼系数均低于税前基尼系数。图表使用的是 2016 年基尼系数和人口数

```
library(readxl)
library(ggrepel)


dat=read_excel("gini.xlsx")  # 课件中的文件
dat=as.data.frame(dat)
dat=mutate(dat, tip=paste(Country, "<br>", "Before: ", Before,
"<br>", "After: ", After, "<br>", "Individual: ", Individual))  # 鼠标
悬停时的标签
small=0.2; big=0.55  # 手动确定坐标轴值域


p=ggplot(dat)+coord_fixed()+
    geom_point_interactive(aes(x=Before, y=After, size=Individual,
fill=Area, tooltip=tip, data_id=Country), alpha=0.9, shape=21,
color="grey65")+  # 点的大小取决于人口数，颜色取决于所在地区
    geom_segment(aes(x=small, y=small, xend=big, yend=big),
color="grey65", size=0.4)+
    geom_text_repel(aes(x=Before, y=After, label=Country),
color="grey80", segment.color="grey60", size=2.5, segment.size=0.3,
seed=1)+
    scale_x_continuous(name="Gini Index (BEFORE Taxes and
Transfers)", limits=c(small, big))+
```

```
    scale_y_continuous(name="Gini Index (AFTER Taxes and
Transfers)", limits=c(small, big))+
    scale_fill_manual(
        name="The size of a circle\nis in propotion\nto the number
of\nindividuals.\n\nArea", # 把图例标题改成说明文字
        values=c("Europe"="mediumseagreen", "North America"=
"orangered", "Asia"="yellow", "Oceania"="deeppink3"),
        guide=guide_legend(override.aes=list(size=5))
    )+
    scale_size_continuous(range=c(3, 9), guide="none")+
    geom_text(aes(x=-Inf, y=Inf, label="Income Inequality\n(Gini
Index)\nBefore and After\nTaxes & Transfers"), hjust="left",
vjust="top", color="grey80", size=7, family="serif")+
    theme_minimal()+
    theme(plot.background=element_rect(fill="grey20"),
        panel.grid=element_line(color="grey30"),
        legend.text=element_text(color="grey60", size=13),
        axis.text=element_text(color="grey60", size=13),
        title=element_text(color="grey60", size=13)
    )


girafe(ggobj=p,
    options=list(
        opts_tooltip(css="color: grey60",
            offx=0, offy=-40,
            use_fill=TRUE
        ),
        opts_zoom(max=5),
        opts_hover(css="fill: #98F5FF")
    )
)
```

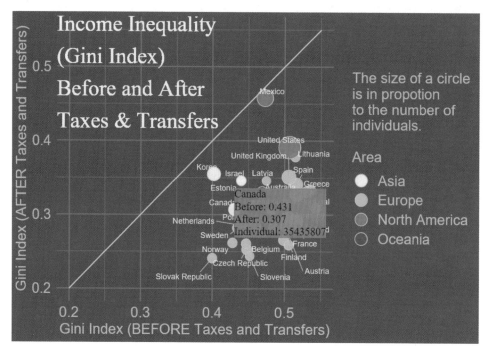

图 8-1-1　用互动图表呈现基尼系数

```
#==========
# 练习：用互动图表呈现各国原油产量
#==========
```

在下面的堆积图（图 8-1-2）中，我们添加了宽度为 1 的矩形，它们几乎是透明的，仅当鼠标指向它们时才会显示出来。另外，我们还把悬停标签的内容设置为各国年产量排序

```
library(unikn)

dat=read.csv("oil.csv", row.names=1) # 课件中的文件

dat$Production=round(dat$Production, 0)
all_year=sort(unique(dat$Year))
xlab=all_year[all_year %% 5 == 1] # X轴标签
mycolor=seecol(pal=pal_unikn_pref, n=length(unique(dat$Country))) #
提取 unikn 包中的配色
```

```
names(mycolor)=NULL # 务必去掉颜色名，否则 scale_fill_manual 无法使用


# 生成鼠标悬停标签的内容
tooltip=group_by(dat, Year)
order_and_paste=function(a, b){ # 编写一个用于排序并生成标签的函数
    o=order(b, decreasing=TRUE)
    b=b[o]; a=a[o]
    b=format(b, big.mark=", ")
    res=paste(1: length(a), " ", a, ": ", b, sep="")
    paste(res, collapse="<br>")
}
tooltip=summarize(tooltip, lab=order_and_paste(Country, Production))
tooltip=paste(tooltip$Year, "<br><br>", tooltip$lab, sep="")


p=ggplot()+
    geom_area(data=dat, aes(Year, Production, fill=Country),
position="stack")+
    geom_bar_interactive(aes(x=all_year, y=Inf, tooltip=tooltip,
data_id=all_year), stat="identity", width=1, fill="white",
alpha=0.2)+
    scale_fill_manual(values=mycolor)+
    scale_x_continuous(breaks=xlab, limits=c(min(all_year)-0.5,
max(all_year)+0.5), expand=expansion(0))+
    scale_y_continuous(labels=function(x) format(x, big.mark=", "),
expand=expansion(0))+
    labs(title="Crude Oil Production 1971 ~ 2017", subtitle=
"(unit: TOE)", fill="Country")+
    theme_minimal(base_size=15)+
    theme(axis.text.x=element_text(angle=20),
        axis.title=element_blank(),
        plot.title=element_text(size=22, face=2),
```

```
        plot.subtitle=element_text(size=18, face=3)
    )


girafe(ggobj=p, width_svg=7, height_svg=4,
    options=list(
        opts_hover(css="fill: cyan"),
        opts_tooltip(css="background-color: #FFB90F; color:
black")
    )
)
```

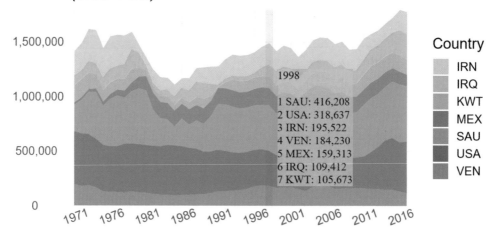

图 8-1-2　用互动图表呈现原油产量

第二节　先计算后作图（以股票数据为例）

有时，我们不能直接用原始数据作图，而是需要先计算，再用得到的结果作
图。以股票数据为例，尽管 K 线图和成交量图可直接用原始数据画出，但要想对
分析指标作图，却要先把这些指标计算出来。

一、获取数据

在下面的例子中，我们要用 quantmod 包中的 getSymbols 函数，从网络上下载股票数据，并绘制图表。无法下载数据的读者，可直接使用课件中名为 "AAPL.csv" 的文件。

```
# install.packages(c("quantmod", "TTR"))
library(quantmod) # 用于获取数据
library(TTR) # 用于计算移动平均值等指标
library(cowplot)
library(ggplot2)
library(lubridate) # 使用 wday
library(reshape2) # 使用 melt
options(scipen=10)


# 下载数据
mydata=getSymbols(Symbols="AAPL", src="yahoo", from="2019-05-06",
to='2019-08-31', auto.assign=FALSE)
```

在以上代码中，Symbols 参数需指向股票代码。例如，苹果公司的代码为 "AAPL"，微软公司的代码为 "MSFT"，深市代码需以 ".sz" 结尾，沪市代码需以 ".ss" 结尾。另外，道琼斯指数为 "^DJI"，纳斯达克指数为 "^IXIC"，标准普尔 500 指数为 "^GSPC"。src 为数据来源，我们选择 "yahoo"（雅虎财经）即可。from 和 to 为数据的日期范围（节假日不会出现在数据中）。auto.assign 必须设为 FALSE，否则无法生成对象。

```
# 整理数据
mydata=as.data.frame(mydata)[,-6] # 转化成数据框并去掉不需要的列
mydata=cbind(rownames(mydata), mydata) # 将行标题变为数据中的一列
rownames(mydata)=1: nrow(mydata)
colnames(mydata)=c("Date", "Open", "High", "Low", "Close",
"Volume")
```

二、K 线图和成交量图

尽管 quantmod 包提供了 chartSeries 等用于作图的函数，但这些函数生成的图表有时并不能满足我们的要求，所以我们改用 ggplot 作图。

K 线图可分为日 K 线图、周 K 线图、月 K 线图以及以分钟为间隔的 K 线图等。我们在此只示范日 K 线图的绘制方法，成交量图常常跟日 K 线图一起出现，为方便操作，我们使用已保存在硬盘上的文件。

```
dat=read.csv("AAPL.csv", row.names=1) # 课件中的文件


# 为方便后续操作，提取出数据框中的变量
n=nrow(dat)
DA=dat$Date
OP=dat$Open
HI=dat$High
LO=dat$Low
CL=dat$Close
VO=dat$Volume


# 我们不使用日期为 X 轴变量，而是使用 1 至 n 的整数，以便绘制折线图。但这样
一来，我们就需要手动选择 X 轴标签。我们将只标注周一的日期，如果周一无数据，
就标注周二的日期
lab_pos=which(wday(as.Date(DA)) %in% c(2, 3)) # 先用 wday 选出所有周
一、周二的位置。注意：在 wday 的结果中，1 代表周日，2 和 3 代表周一和周二
delete_these=c() # 用 for 循环删掉紧挨着周一的周二
for (i in 2: length(lab_pos)){
    if (lab_pos[i]-lab_pos[i-1]==1) delete_these=append(delete_
these, i)
}
if (length(delete_these)>0) lab_pos=lab_pos[-delete_these]
lab=DA[lab_pos]
lab=gsub("\\d\\d\\d\\d\\-", "", lab) # 只保留月和日
```

```
lab=gsub("\\-", "\n", lab)


# 其他调整
plot_title=paste(" AAPL  [", DA[1], " ~ ", DA[n], "]", sep="")
# 图表标题
rect_fill=rep("limegreen", n) # 生成颜色向量，收盘价高于开盘价用绿色表示
```

（阳线），收盘价低于开盘价用红色表示（阴线）。注意：国内外使用这两种颜色的习
惯相反

```
rect_fill[OP>=CL]="red"
bar_fill=rect_fill # 成交量图使用的颜色


# 日 K 线图中的细线是每日最高价与最低价之间的连线，用 geom_segment 绘制。
```

柱体用 geom_tile 绘制，阳线的上端是收盘价，下端是开盘价，阴线的上端是开盘
价，下端是收盘价

```
kline=ggplot()+
    geom_segment(aes(x=1: n, xend=1: n, y=LO, yend=HI), color=
"grey50")+
    geom_tile(aes(x=1: n, y=(OP+CL)/2, width=0.7, height=abs(OP-
CL)), fill=rect_fill, color="grey50")


# 修改附属元素
kline=kline+labs(title=plot_title)+
    scale_x_continuous(breaks=lab_pos, labels=lab)+
    scale_y_continuous(limits=range(HI, LO))+
    theme(
        panel.background=element_blank(),
        panel.grid=element_blank(),
        panel.grid.major.y=element_line(linetype=2, color="grey75"),
        axis.title=element_blank(),
        axis.text=element_text(size=13),
```

```
    plot.title=element_text(size=15)
)


# 成交量
bar=ggplot()+
    geom_bar(aes(x=1: n, y=VO), stat="identity", fill=bar_fill,
width=0.7)+
    scale_y_continuous(
        labels=function(x) format(x, big.mark=", "),
        expand=expansion(0)
    )+
    geom_text(aes(x=1, y=0.95*max(VO), label="Volume"), color="grey30",
size=5, fontface=2, hjust="left", vjust="top")+
    theme(
        panel.background=element_blank(),
        panel.grid=element_blank(),
         panel.grid.major.y=element_line(linetype=2, color=
"grey75"),
        axis.title=element_blank(),
        axis.text.x=element_blank(),
        axis.text.y=element_text(size=13),
        axis.line.x=element_line()
    )


# 合并 K 线和成交量
plot_grid(kline, bar, align="v", ncol=1, rel_heights=c(2.5, 1)) # 坐
标轴在垂直方向上对齐，K 线图的高度是条形图的 2.5 倍


#==========
# 练习：把 K 线图和成交量图改造成互动图表
#==========
```

\# 我们之前已经学过了互动图表的绘制方法，现在我们来把上边的图表改造成在鼠标悬停时显示标签，并可放置在网页中的互动图表。事实上，只要使用 geom_*_interactive 图层就可达到这一目的了（图 8-2-1）

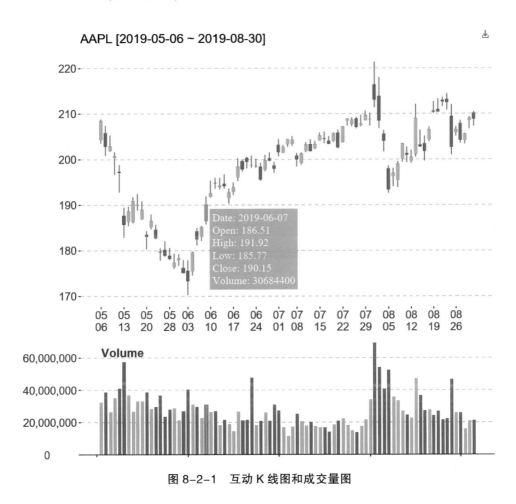

图 8-2-1　互动 K 线图和成交量图

```
library(ggiraph)
```

```
# 生成鼠标悬停时显示的标签
tip=apply(dat, 1, FUN=function(x) paste("Date: ", x[1], "<br>",
"Open: ", x[2], "<br>", "High: ", x[3], "<br>", "Low: ", x[4], "<br>",
"Close: ", x[5], "<br>", "Volume: ", x[6], sep=""))
```

```
#  分别画出 K 线图和成交量图。注意，为了使这两个图表对应起来，图层中的
data_id 应该是一样的
kline=ggplot()+
    geom_segment_interactive(aes(x=1: n, xend=1: n, y=LO, yend=HI,
tooltip=tip, data_id=1: n), color="grey50")+
    geom_tile_interactive(aes(x=1: n, y=(OP+CL)/2, width=0.7,
height=abs(OP-CL), tooltip=tip, data_id=1: n), fill=rect_fill,
color="grey50")
kline=kline+labs(title=plot_title)+
    scale_x_continuous(breaks=lab_pos, labels=lab)+
    scale_y_continuous(limits=range(HI, LO))+
    theme(
        panel.background=element_blank(),
        panel.grid=element_blank(),
        panel.grid.major.y=element_line(linetype=2, color="grey75"),
        axis.title=element_blank(),
        axis.text=element_text(size=13),
        plot.title=element_text(size=15)
    )
bar=ggplot()+
    geom_bar_interactive(aes(x=1: n, y=VO, tooltip=tip, data_id=1:
n), stat="identity", fill=bar_fill, width=0.7)+
    scale_y_continuous(
        labels=function(x) format(x, big.mark=", "),
        expand=expansion(0)
    )+
    geom_text(aes(x=1, y=0.95*max(VO), label="Volume"), color="grey30",
size=5, fontface=2, hjust="left", vjust="top")+
    theme(
        panel.background=element_blank(),
        panel.grid=element_blank(),
```

```
        panel.grid.major.y=element_line(linetype=2, color=
"grey75"),
    axis.title=element_blank(),
    axis.text.x=element_blank(),
    axis.text.y=element_text(size=13),
    axis.line.x=element_line()
    )
```

```
# 生成互动图表
final=plot_grid(kline, bar, align="v", ncol=1, rel_heights=c(2.5, 1))
girafe(ggobj=final, pointsize=33, width_svg=8, height_svg=7,
options=list(opts_tooltip(use_fill=TRUE)))
```

二、移动平均线

接下来，我们手动计算一些技术指标，并把它们添加到图表上。

移动平均线是各时段股价的均值连线。

```
ma5=runMean(CL, n=5)  # 5 日均线的数据点。均值上每个数据点是当天及前 4 天
的股价的均值。我们的数据不包含 5 月 6 日之前的数据，所以计算结果中的前 4 个
数据点均为缺失值
ma10=runMean(CL, n=10) # 10 日均线的数据点
kline+
    geom_line(na.rm=TRUE, aes(x=1: n, y=ma5), color="brown",
size=1.2)+
    geom_line(na.rm=TRUE, aes(x=1: n, y=ma10), color="purple",
size=1.2)
```

三、KDJ 指标

KDJ 指标包含 K、D、J 三个值（图 8-2-2）。由于该指标计算步骤比较复杂，我们在此仅给出计算函数，有兴趣的读者可通过查阅相关书籍了解计算原理。

在以下函数中，close、high、low 为每日收盘价、最高价、最低价。n 为计算起始日期的位置，默认值为 9，即，从数据中的第 9 个交易日开始计算，而前 8 日的计算结果均为缺失值。first_k 和 first_d 为起始日前一日的 K 值和 D 值。在本例中，我们设 n=9，第 9 个交易日为 5 月 16 日。查询资料可知，前一日（5 月 15 日）的 K 值和 D 值分别为 23.71 和 28.36。如果无资料供查阅，也可使用这两个参数的默认值 50。method 参数用于设置 J 值的计算方法，当 method=1（默认）时，J=3*K-2*D，这也是新浪财经（https://finance.sina.com.cn/）及一些股票软件采用的计算方法'；当 method=2 时，J=3*D-2*K。新浪财经页面上的 KDJ 图表允许用户设置 K、D、J 三个值，其中的 K 值相等于本函数中的参数 n，而 D 和 J 一般设为 3，在本函数中无法修改。

AAPL [2019-05-06 ~ 2019-08-30]

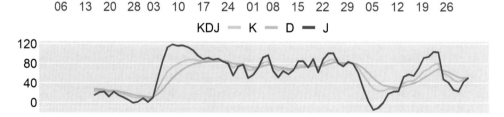

图 8-2-2　KDJ 指标

```
get_kdj=function(close, high, low, n=9, first_k=50, first_d=50, method=
1){
```

```
get_rsv=function(CLOSE, HIGH, LOW, N){
    a=CLOSE-TTR::runMin(LOW, n=N)
    b=TTR::runMax(HIGH, n=N)-TTR::runMin(LOW, n=N)
    100*a/b
}
rsv=get_rsv(close, high, low, N=n)
num=length(close)
k=rep(NA, num)
d=rep(NA, num)
k[n-1]=first_k
d[n-1]=first_d
for (i in n: num){
    ilast=i-1
    k[i]=(2*k[ilast]/3)+rsv[i]/3
    d[i]=(2*d[ilast]/3)+k[i]/3
}
j=if (method==1) 3*k-2*d else 3*d-2*k
data.frame(Date=1: num, K=round(k, 2), D=round(d, 2), J=round(j,
2))
}
value_kdj=get_kdj(CL, HI, LO, n=9, first_k=23.71, first_d=28.36,
method=1)

# 用 melt 调整数据并作图
value_kdj=melt(value_kdj, id.vars="Date", measure.vars=c("K", "D",
"J"))
colnames(value_kdj)=c("Date", "KDJ", "Value")
p_kdj=ggplot(value_kdj)+
    geom_line(data=value_kdj, na.rm=TRUE, aes(Date, Value,
color=KDJ), size=1)+
    scale_color_manual(values=c("K"="gold", "D"="skyblue", "J"=
```

```
"purple"),
       guide=guide_legend(override.aes=list(size=1.5))
    )+
    theme_void()+
    theme(
       legend.position="top",
       legend.title=element_text(size=13),
       legend.text=element_text(size=13),
       panel.background=element_rect(fill="#EBEBEB", color=NA),
       panel.grid.major.y=element_line(color="white"),
       axis.text.y=element_text(size=13)
    )


plot_grid(kline, p_kdj, align="v", ncol=1, rel_heights=c(2.5, 1))
```

四、布林通道指标

布林通道指标，用三条曲线和一个阴影区域表示：中间线为移动平均线（多取 20 日均线），上曲线为中间线加上 2 倍移动标准差，下曲线为中间线减去 2 倍移动标准差（图 8-2-3）。以此方式求得的数据等于用 TTR::BBands 求得的结果。

用自编函数计算指标值。函数中的 close 为收盘价，n 为计算移动平均值使用的天数

```
get_boll=function(close, n=20){
    mave=TTR::runMean(close, n=n)
    add_sd=2*TTR::runSD(close, n=n, sample=FALSE)
    data.frame(Date=1: length(close), MA=mave, UPPER=mave+add_sd,
LOWER=mave-add_sd)
}
value_boll=get_boll(CL)
```

```
# 作图时，先画出上曲线和下曲线之间的阴影区域，再添加三条线
kline+
    geom_ribbon(data=value_boll, na.rm=TRUE, aes(Date, ymin=LOWER,
ymax=UPPER), alpha=0.2, fill="skyblue")+ #
    geom_line(data=value_boll, na.rm=TRUE, aes(Date, MA), size=1,
color="skyblue")+
    geom_line(data=value_boll, na.rm=TRUE, aes(Date, UPPER), size=1,
color="gold")+
    geom_line(data=value_boll, na.rm=TRUE, aes(Date, LOWER), size=1,
color="purple")
```

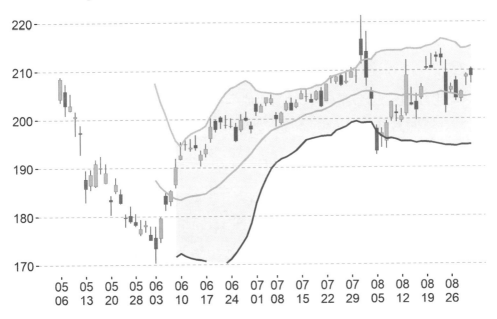

图 8-2-3　布林通道指标

五、MACD 指标

MACD 指标，用两条曲线和一个条形图来表示（图 8-2-4）。

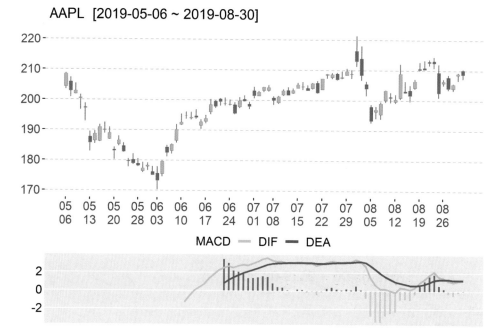

图 8-2-4　MACD 指标

 # 用自编函数计算指标值。函数中的 close 为收盘价，dif、dea、macd 相当于新浪财经上允许用户更改的三个同名参数，分别代表快速移动周期、慢速移动周期和信号周期

```
get_macd=function(close, dif=12, dea=26, macd=9){
    di=TTR::EMA(close, n=dif)-TTR::EMA(close, n=dea)
    de=TTR::EMA(di, n=macd)
    barline=2*(di-de)
    data.frame(Date=1: length(close), DIF=di, DEA=de, MACD=
barline)
}
value_macd=get_macd(CL)
barline_color=ifelse(value_macd$MACD>0, "orangered", "palegreen1") #
条形图颜色
```

```
# 用 melt 调整数据，以便绘制曲线
two_line=melt(value_macd, id.vars="Date", measure.vars=c("DIF",
"DEA"))
colnames(two_line)=c("Date", "MACD", "Value")
p_macd=ggplot()+
    geom_segment(data=value_macd, na.rm=TRUE, aes(x=Date, xend=
Date, y=0, yend=MACD), color=barline_color, size=1)+
    geom_line(data=two_line, na.rm=TRUE, aes(Date, Value, color=
MACD), size=1)+
    scale_color_manual(values=c("DIF"="skyblue", "DEA"="purple"),
        guide=guide_legend(override.aes=list(size=1.5))
    )+
    theme_void()+
    theme(
        legend.position="top",
        legend.title=element_text(size=13),
        legend.text=element_text(size=13),
        panel.background=element_rect(fill="#EBEBEB", color=NA),
        panel.grid.major.y=element_line(color="white"),
        axis.text.y=element_text(size=13)
    )
plot_grid(kline, p_macd, align="v", ncol=1, rel_heights=c(2.5, 1))
```

第三节 模型的可视化

在对各类模型进行可视化时，我们固然可以利用一些方便函数。但有时，为了满足细节上的特定需要，就必须手动提取或计算出一些数值，并据此绘制图表。

一、回归模型

涉及回归模型的图表，主要有各种基于残差的诊断图、置信区间图、边际效应或交互效应图等。

```
# install.packages(c("carData", "ggeffects", "effects", "sjPlot")) #
需同时安装 ggeffects 和 effects
library(carData) # 使用数据 Prestige
library(ggeffects) # 计算边际效应或交互效应
library(ggplot2)
library(sjPlot) # 使用作图函数

dat=Prestige # 请查阅 ?Prestige 了解各变量的含义
m=lm(prestige~education+type*income, data=dat)

## 用 ggplot 绘制原本用 plot(m) 生成的模型诊断图
r=residuals(m) # 残差
fitv=fitted(m) # 拟合值
rsta=rstandard(m) # 标准化残差
rsta2=sqrt(abs(rsta))
ggplot(mapping=aes(fitv, r))+
    geom_point()+
    geom_smooth(color="red", fill=NA, method="loess")+
    labs(x="Fitted Values", y="Residuals")
ggplot(mapping=aes(sample=rsta))+
    geom_qq()+ # 绘制 QQ 图需同时用 geom_qq 和 geom_qq_line 添加点和直线
    geom_qq_line()+
    labs(x="Theoretical Quantiles", y="Standardized Residuals")
ggplot(mapping=aes(fitv, rsta2))+
    geom_point()+
    geom_smooth(color="red", fill=NA, method="loess")+
    labs(x="Fitted Values", y=parse(text="sqrt(abs(Standardized~Res
iduals))"))

## 置信区间图可用 sjPlot 包中的 plot_model 绘制
plot_model(m) # 读者亦可尝试用 coefficients 和 confint 从模型中提取数值并
```

手动绘制

```
## 边际效应或交互效应图
mag=ggeffect(m, terms="education", ci.lvl=0.95)
plot(mag) # 直接绘制
mag=ggeffect(m, terms=c("income", "type"))
plot(mag) # 直接绘制
value=as.data.frame(mag) # 提取数值并手动绘制
ggplot(value)+
    facet_wrap(vars(group), nrow=1)+
    geom_line(aes(x, predicted))+
    geom_ribbon(aes(x, ymin=conf.low, ymax=conf.high), alpha=0.2)
```

二、MCMC 模型

我们以基于 MCMC 的 Logistic 模型为例讲解相关图表。

```
# install.packages("MCMCpack")
library(MCMCpack) # 使用 MCMClogit
library(carData) # 使用数据 CES11
library(reshape2)
library(dplyr)

dat=CES11 # 请查阅 ?CES11 了解各变量的含义
dat$abortion=ifelse(dat$abortion=="Yes", 1, 0) # 将因变量转化为 1
和 0
m=MCMClogit(abortion~gender+importance+education+urban, data=dat,
burnin=200, mcmc=10000,  thin=10, seed=1) # 此处使用较小的 mcmc 值仅供
示范
v=as.data.frame(m) # 转化为数据框
names(v)[1]="Intercept"
```

```
# 用 melt 将数据框转为 ggplot 可用的形式
v2=data.frame(iter=1: nrow(v), v)
v2=melt(v2, id.vars="iter")
```

密度图（图 8-3-1）

```
p1=ggplot(v2)+
    facet_wrap(vars(variable), nrow=3, scales="free")+
    geom_area(aes(x=value),stat="density", alpha=0.5, fill="#9B1B30",
color="black")+
    labs(title="MCMC Density Plot")
```

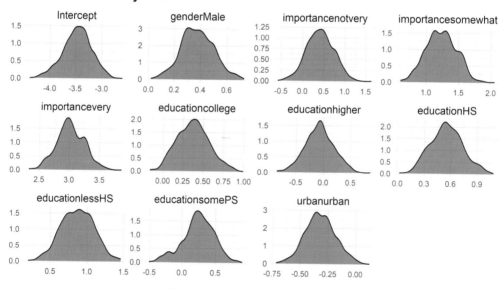

图 8-3-1　MCMC 模型密度图

轨迹图（图 8-3-2）

```
p2=ggplot(v2)+
    facet_wrap(vars(variable), nrow=3, scales="free")+
    geom_path(aes(x=iter, y=value), color="#9B1B30")+
    labs(title="MCMC Trace Plot")
```

MCMC Trace Plot

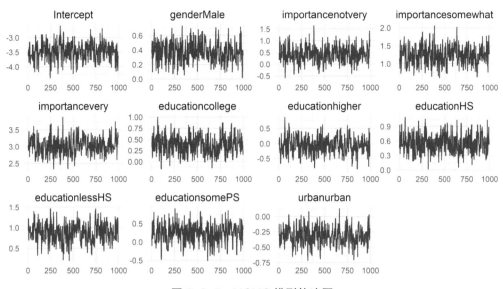

图 8-3-2　MCMC 模型轨迹图

均值图（图 8-3-3）

MCMC Running Means Plot

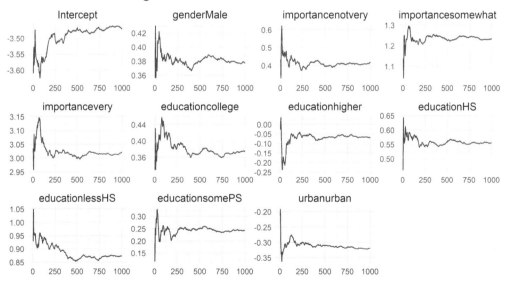

图 8-3-3　MCMC 模型均值图

```
run=group_by(v2, variable)
run=mutate(run, runmean=cummean(value))
p3=ggplot(run)+
    facet_wrap(vars(variable), nrow=3, scales="free")+
    geom_path(aes(x=iter, y=runmean), color="#9B1B30")+
    labs(title="MCMC Running Means Plot")
## HPD 图（图 8-3-4）
```

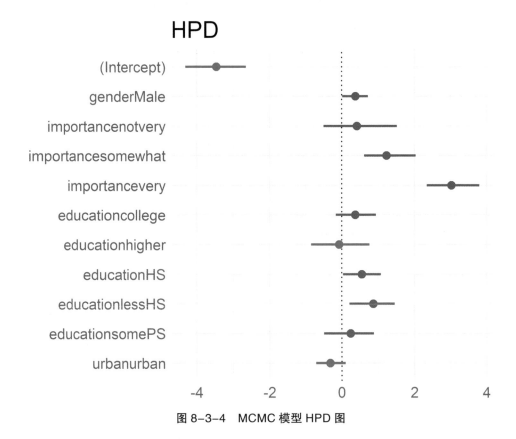

图 8-3-4 MCMC 模型 HPD 图

```
sm=summary(m, quantiles=c(0.0005, 0.9995))
est=cbind(sm$statistics[, 1], sm$quantiles)
est=data.frame(rownames(est), est)
colnames(est)=c("Variable", "Mean", "lower.CI", "upper.CI")
est$Variable=factor(est$Variable, levels=rev(as.character(est$Variable)))
```

```
est$color=factor(ifelse(est$Mean<0, -1, 1))
p4=ggplot(est)+
    geom_vline(aes(xintercept=0), linetype=3)+
    geom_segment(aes(x=lower.CI, xend=upper.CI, y=Variable,
yend=Variable, color=color), size=1)+
    geom_point(aes(x=Mean, y=Variable, color=color), size=3)+
    scale_color_manual(values=c("-1"="#2A4B7C", "1"="#9B1B30"))+
    labs(title="HPD")


mytheme=theme_minimal()+
    theme(axis.title=element_blank(),
        strip.background=element_blank(),
        plot.title=element_text(size=20),
        strip.text=element_text(size=12)
    )
p1+mytheme
p2+mytheme
p3+mytheme
p4+mytheme+theme(axis.text=element_text(size=13), legend.position=
"none")
```

三、变量重要性

条形图可用来呈现机器学习模型中的变量重要性，我们以随机森林模型为例进行讲解。

```
# install.packages(c("randomForest", "Ecdat"))
library(randomForest)
library(Ecdat) # 使用数据 Hmda
library(gridExtra)
```

```
dat=Hmda  # 请查阅 ?Hmda 了解各变量的含义
dat=na.omit(dat)
dat$uria=NULL
dat$condominium=NULL
set.seed(1)
m=randomForest(deny~., data=dat, importance=TRUE)  # 务必设置 importance=
TRUE

## 我们可以用 varImpPlot(m) 作图，但亦可手动绘制更美观的图表（图 8-3-5）
imp=m$importance[, c("MeanDecreaseAccuracy", "MeanDecreaseGini")]  #
提取重要性指标
# 指标 1
imp1=data.frame(Variable=rownames(imp), Value=imp[, "MeanDecrease
Accuracy"])
imp1$Variable=reorder(imp1$Variable, imp1$Value)  # 根据数值的大小重排
因子水平
# 指标 2
imp2=data.frame(Variable=rownames(imp), Value=imp[, "MeanDecrease
Gini"])
imp2$Variable=reorder(imp2$Variable, imp2$Value)

p1=ggplot(imp1)+
    geom_bar(aes(y=Variable, x=Value), stat="identity", fill=
"#9B1B30", orientation="y")+
    geom_text(aes(Value, Variable, label=round(Value, 4)), family=
"serif", size=5, hjust=-0.1)+
    scale_x_continuous(expand=expansion(c(0.02, 0.2)))+
    labs(title="Mean Decrease Accuracy")
p2=ggplot(imp2)+
    geom_bar(aes(y=Variable, x=Value), stat="identity", fill=
"#9B1B30", orientation="y")+
```

```
geom_text(aes(Value, Variable, label=round(Value, 4)), family=
"serif", size=5, hjust=-0.1)+
    scale_x_continuous(expand=expansion(c(0.02, 0.2)))+
    labs(title="Mean Decrease Gini")

mytheme=theme_bw(base_family="serif")+
    theme(axis.title=element_blank(), axis.text=element_text
(size=16), plot.title=element_text(size=19))
p1=p1+mytheme
p2=p2+mytheme
grid.arrange(p1, p2, nrow=1)
```

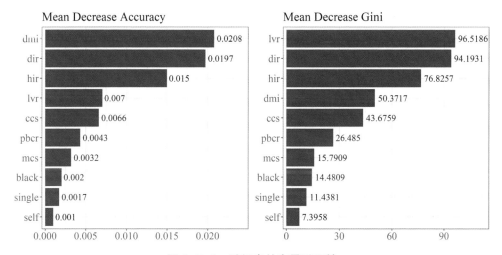

图 8-3-5　随机森林变量重要性

附录 1：数据处理要点总结

请读者在学习可视化之前理解并掌握以下代码。

```
# install.packages(c("truncnorm", "plothelper", "reshape2"))
```

```
## 生成呈正态分布且在特定范围内（即截断正态分布）的随机数，需使用 truncnorm 包
library(truncnorm)
set.seed(1); x=rtruncnorm(30, a=0, b=Inf, mean=0.1, sd=3) # 用 a 和 b
指定数值范围。由于指定最小值为 0，所以结果不包含小于 0 的数值
```

```
## 将各项等长的列表转化成矩阵
L=list(1: 5, 11: 15, 21: 25)
do.call(rbind, L)
do.call(cbind, L) # list2DF(L) 可生成数据框
```

```
## 将列表中的矩阵或数据框进行合并
m1=data.frame(x=1: 5, y=6: 10)
m2=matrix(21: 28, ncol=2)
colnames(m2)=c("x", "y") # 当把一个数据框跟其他数据框或矩阵合并时，应确
保二者有相同的列标题
L=list(m1, m2)
do.call(rbind, L)
```

```
## 将矩阵或数据框转化成列表
m=matrix(1: 12, nrow=3)
asplit(m, 1) # 按行转化
```

```
asplit(m, 2) # 按列转化
dat=data.frame(m, character=letters[1: 3]) # 注意当各列的类型不同时的
结果
asplit(dat, 2)


## 获得所有可能组合并组成数据框
y=expand.grid(1: 3, 1: 5) # 注意列标题
y=expand.grid(m=1: 3, n=c("a", "b"), stringsAsFactors=FALSE)


## 交叉表（matrix 对象或 table 对象）转化成数据框
mat=matrix(c(20, 50, 0, 100, 0, 7), nrow=3, dimnames=list(c("r1",
"r2", "r3"), c("c1", "c2")))
dat=as.data.frame(as.table(mat)) # 如果 mat 已经是 table 对象，则直接使
用 as.data.frame
dat2=dat[dat$Freq != 0, ] # 有时需要去掉有 0 值的行


## 数据框转化成交叉表
dat=expand.grid(subject=letters[1: 4], object=letters[24: 26])
dat=data.frame(dat, freq=101: 112)
dat=dat[-10, ] # 假设第 10 行所代表的组合不存在
tapply(dat$freq, INDEX=list(dat$subject, dat$object), FUN=
function(x) x) # 不存在的组合的频数以 NA 表示


## tibble 包生成的数据框
# ggplot 系统既可使用 data.frame 数据框，又可使用由 tibble 包生成的数据
框。后者在各列的对象类型等方面提供了更多灵活性
library(tibble)
x1=1: 3
x2="abc"
x3=list(e1=1: 5, e2=letters[1: 4], e3=matrix(1: 10)) # 第 3 列是一个列表
x4=list(matrix(1: 8)) # 第 4 列是一个重复单一值的列表
```

```
dat=tibble(x1, x2, x3, x4)
class(dat) # "tbl_df" "tbl" "data.frame"
```

数据框合并
以下两个数据框，记录了若干国家的两个随机生成的指标值，我们需要把它们整合成一个表格。要注意的问题是：第一，两个数据框中，国家的排列顺序不一样；第二，有的国家只出现在一个数据框中；第三，有的指标包含缺失值。不过以上问题并不影响我们用 merge 函数进行合并

```
dat1=read.csv("index1.csv"); dat2=read.csv("index2.csv") # 课件中的文件
res=merge(dat1, dat2, by="country", all.x=TRUE, all.y=TRUE) # by 为合并所依据的变量，在本例中就是国家名。all.x 和 all.y 表示是否要求最终结果包含那些只出现在了一个数据框中的个案
```

数据框变形
本例使用的随机生成数据 wide1.csv 包含 3 列，第 1 列是月份，第 2 列是受访者各月食品支出，第 3 列是各月交通支出。由于 ggplot 系统只接受特定形式的数据，我们现在需要重构这个数据框，并要求，新的数据框的第 1 列仍然是月份，第 2 列是支出类别，第 3 列是具体的数值。我们用 reshape2 包中的 melt 完成这个操作。

```
library(reshape2)
dat=read.csv("wide1.csv", row.names=1) # 课件中的文件
```
melt 的第 1 个参数是待处理的数据框。id.vars 相当于为采样所作的编号，本例中的数据是按月采样的，所以数据中的 "month" 一列记录的就是这个编号；假如数据框本身不包含这样的列，可手动用 1: nrow(dat) 生成一列。measure.vars 则是所有记录具体数值的列

```
long=melt(data=dat, id.vars="month", measure.vars=c("food", "transportation"))
```

dcast 的功能刚好相反：假如我们手中的数据是上边的 long 数据框，但却需要把它变成食品支出占一列，交通支出占一列的形式，就需要用 dcast。value.var 用于指定存放具体数值的那一列。formula 参数（赋值时不要加引号）的设置方法是：

波浪线左边是采样编号，在本例中就是 "month" 一列，波浪线右边是数值的类别，在本例中就是 "variable" 一项。

```
wide=dcast(data=long, formula=month~variable, value.var=
"value")
```

```
# 当数据包含两个采样编号时，我们仍可使用 melt 和 dcast。数据 wide2.csv
用 "subject" 一列注明了数据来自哪个受访者，因此这个数据的采样编号来自
"month" 和 "subject" 这两列
dat=read.csv("wide2.csv", row.names=1) # 课件中的文件
long=melt(data=dat, id.vars=c("month", "subject"), measure.
vars=c("food", "transportation"))
wide=dcast(data=long, formula=month+subject~variable, value.
var="value")
```

```
## 显示大数值
x=c(1234567, 123456, 123)
format(x, big.mark=", ")
# [1] "1, 234, 567" "  123, 456" "        123"
```

```
## 自动换行：对于单词中间有空格的文字，每当字符达到一定数量时，自动插入换
行符（对字间无空格的中文无效）
library(scales)
f=wrap_format(width=15) # 这个函数生成的结果是另一个函数，width 参数用
来指定每行的长度
mytext="You must use more lines to display a very long label."
f(mytext)
# [1] "You must use\nmore lines to\ndisplay a very\nlong label."
```

```
## 将整数变为序数字符
library(scales)
scales::ordinal(1: 30)
```

```
# [1] "1st"  "2nd"  "3rd"  "4th" ...
```

```
## 保留特定位数的小数，并把结果转化为字符
library(plothelper)
x=c(12, 12.3, 12.34, 12.345, 12.3456)
round_text(x, 2)
# [1] "12.00" "12.30" "12.34" "12.35" "12.35"
```

附录 2：数据和图片来源

本附录列出了需下载的数据和图片的来源。读者可从 https://github.com/githubwwwjjj/visbook 下载这些数据和图片。

第一节　数据

[1] AAPL.csv

Yahoo Finance：http://finance.yahoo.com，2019−12−30.

[2] art record.csv

The Contemporary Art Market Report 2018:

https://www.artprice.com/artprice−reports/the−contemporary−art−market−report−2018/general−synopsis−contemporary−arts−market−performance/.

[3] art volume.csv

McAnddrew, Clare, The Art Market 2018. Basel and Zurich: Basel and UBS, 2018, p. 113.

[4] art0717.csv

同 art volume.csv。

[5] auction house.csv

The Contemporary Art Market Report 2018:

https://www.artprice.com/artprice−reports/the−contemporary−art−market−report−2018/general−synopsis−contemporary−arts−market−performance/.

[6] business small.csv

Ease of Doing Business Scores: https://www.doingbusiness.org/en/data/doing−business−score, 2019−12−30.

[7] cpi1718.csv

Consumer Price Index: https://fred.stlouisfed.org/series/CHNCPIALLMINMEI, 2019−12−30.

[8] db 5dim.csv

World Bank Group, Doing Business 2019, Washington, DC: World Bank Group, 2019, pp. 152−215.

[9] forest area.csv

Forest Area: https://data.worldbank.org/indicator/AG.LND.FRST.ZS?view=map, 2019−12−30.

[10] gini.xlsx

Income Inequality: https://ourworldindata.org/income−inequality, 2019−12−30.

Income Distribution Database: https://data.oecd.org/, https://stats.oecd.org/index.aspx?queryid=66670#, 2019−12−30.

[11] gun.csv

Aisch, Gregor & Keller, Josh & Eddelbuettel, Dirk, gunsales: Statistical Analysis of Monthly Background Checks of Gun Purchases, R package version 0.1.2., https://CRAN.R−project.org/package=gunsales, 2017.

[12] happy full.xlsx

Happiness and Life Satisfaction: https://ourworldindata.org/happiness−and−life−satisfaction, 2019−12−30.

[13] happy small.csv

同 happy full.xlsx。

[14] ip big.csv

Industrial Production: Durable Manufacturing: Motor Vehicles and Parts: https://fred.stlouisfed.org/series/IPG3361T3S, 2019−12−30.

Industrial Production: Durable Manufacturing: Machinery: https://fred.stlouisfed.org/series/IPG333S, 2019−12−30.

Industrial Production: Durable Manufacturing: Computer and Electronic Product: https://fred.stlouisfed.org/series/IPG334S, 2019−12−30.

Industrial Production: Durable Manufacturing: Primary Metal: https://fred.
stlouisfed.org/series/IPG331S, 2019−12−30.

Industrial Production: Durable Manufacturing: Furniture and Related Product:
https://fred.stlouisfed.org/series/IPG337S, 2019−12−30.

[15] ip small.csv

同 ip big.csv。

[16] japan age.csv

Population by Age, Sex and Urban/Rural Residence: http://data.un.org/Data.asp
x?q=population+age+sex&d=POP&f=tableCode%3a22#f_1, 2019−12−30.

[17] military expd.csv

Military Expenditure: https://data.worldbank.org.cn/indicator/MS.MIL.XPND.
CD, 2019−12−30.

[18] oil.csv

lgrdata: http://mirrors.ustc.edu.cn/CRAN/web/packages/lgrdata/, 2019−12−31.

[19] patents6.csv

Grants of Patents: http://data.un.org/_Docs/SYB/PDFs/SYB61_T28_Patents.
pdf, 2019−12−30.

[20] political knowledge.csv

Croissant, Yves & Graves, Spencer, Ecdat: Data Sets for Econometrics. R package
version 0.3−4., https://CRAN.R−project.org/package=Ecdat, 2019.

[21] primary.csv

Gill, Jeff & Torres, Michelle & Heuberger, Simon, GLMpack: Data and Code
to Accompany Generalized Linear Models, 2nd Edition. R package version 0.1.0.,
https://CRAN.R−project.org/package=GLMpack, 2019.

[22] rd gdp.csv

Research and DEvelopment Expenditure: https://data.worldbank.org/topic/
science−and−technology, 2019−12−30.

[23] terror ym.csv

RAND Database of Worldwide Terrorism Incidents: https://www.rand.org/nsrd/ projects/terrorism-incidents/download.html, 2019-12-30.

[24] usdcyn2019.csv

Yahoo Finance：http://finance.yahoo.com，2019-12-30.

[25] us military.xlsx

同 military expd.csv。

[26] wti.csv

Global Price of WTI Crude: https://fred.stlouisfed.org/series/POILWTIUSDM, 2019-12-30.

第二节　图片

[1] box money.jpg

https://www.pexels.com/photo/abundance-bank-banking-banknotes-259027/.

[2] canvas.jpg

https://pixabay.com/photos/canvas-fabric-texture-material-546877/.

[3] chips.jpg

https://www.pexels.com/photo/green-circuit-board-343457/.

[4] jet.jpg

https://www.pexels.com/photo/grey-jet-plane-flying-on-top-of-white- mountain-76964/.

[5] leaf.jpg

https://www.pexels.com/photo/green-leafed-plants-2453551/.

[6] plane transparent.jpg

https://www.pexels.com/photo/gray-jet-flying-through-the-sky-during- daytime-76970/.

[7] plane yellow.jpg

https://www.pexels.com/photo/gray-combat-air-craft-under-yellowsky−33681/.

[8] plane yellow transparent.png

同 plane yellow.jpg。

[9] read.jpg

同 plane yellow.jpg。

[10] red leaf.png

https://www.pexels.com/photo/red−leaf−2563459/.

[11] red wine.jpg

https://www.pexels.com/photo/wine−bottle−beside−grapes−roses−and−several−fruits−on−brown−wooden−surface−1407857/.

[12] river.jpg

https://www.pexels.com/photo/green−mountains−and−flowing−river−206660/.

[13] street.jpg

https://www.pexels.com/photo/action−adult−architecture−blur−266046/.

[14] two soldiers.jpg

https://www.pexels.com/photo/soldier−in−camouflage−shirt−163347/.

[15] write board.jpg

https://www.pexels.com/photo/assorted−leaves−on−brown−wooden−surface−633854/.